级记忆术：提高记忆力的魔法书

陈凤玲 —— 编著

吉林文史出版社
JILINWENSHICHUBANSHE

前　言

　　为什么我们那么在乎自己的记忆？仅仅是为了找到丢了的钥匙或者想起有用的数字吗？答案是否定的。记忆包括我们的身份、个性与智力以及所有我们想要保存的经历的总和。事实上，我们一直不断地将记忆运用于日常生活中，尽管我们常常没有意识到这一点。

　　为什么学习那么用功却总也记不住？为什么电话号码、重要日子记了又忘？为什么看到一张十分熟悉的面孔却想不起名字？为什么连重要的谈判会议都能忘词？为什么打个岔就忘了自己要干什么了？为什么经常在家翻箱倒柜地找东西？你是否对自己的记忆力抱怨不已？你的记忆潜能还有多少没有被挖掘出来？你是否想拥有超级记忆力，成为读书高手、考试强将、职场达人？

　　研究表明，人脑潜在的记忆能力是惊人的和超乎想象的，只要掌握了科学的记忆规律和方法，每个人的记忆力都可以提高。记忆力得到提高，我们的学习能力、工作能力、生活能力也将随之提高，甚至可以改变我们的个人命运。

众所周知，随着年龄的增长，我们的记忆力会减退，然而这并不是无法改变的事实，在明白了我们的记忆是如何工作之后，我们可以使它的效能得以提升，从而提高学习能力、工作能力和生活能力。

为了帮助读者开发大脑潜能、改善记忆力状况、快速获得提高记忆力的方法，本书在综合了记忆领域研究成果的基础上，解释了记忆的复杂机制，系统地阐述了记忆力的形成、保持、再现以及遗忘等记忆活动的规律特点，深入探讨了影响记忆力的因素，并介绍了多种有利于提高学习成绩的记忆方法。书中还针对不同学科的特点，提出了专项记忆法，对于改变机械的记忆方式、增强记忆效果、提高学习成绩具有指导意义。

目　录

第二章　评估你的记忆能力

第三章　记忆基础训练，让记忆更高效

第四章　开发记忆潜能，打造天才记忆

第一章

探索记忆的奥秘

关于记忆

如何定义记忆

记忆不是以简单的程序存在的，关于记忆最常见的说法是学习和记住信息的能力。然而，随着年龄的增长，人们发现先前的知识不断被遗忘，并开始抱怨自己的记忆。事实上，生物学的实际情况比这个相当模糊的"记忆"术语复杂得多。

面对一条新信息，通常先是一个极其短暂的感官记忆，接着是一个 20 多秒钟的短期记忆，然后是通过各种途径构筑成长期记忆。

记忆这一术语也同样应用于对 3 个动态过程的参照：学习新信息，将其储存在大脑的特殊空间，然后在需要的时候将其找出来。

对大多数人来说，记忆基本上被用于自主学习的场合，而在日常生活实践中我们常处于不自觉记忆的情况下，即科学家们所说的

"无意识记忆"。这种应用于日常的记忆，使我们无须真正去学习就能记住邻居所穿裙子的颜色。这种能力是我们自然智力功能的基本要素之一。

什么是"好的"和"差的"记忆

比较"好的"和"差的"记忆涉及记忆程序的运行效率问题，我们认真地学习并很好地储存所学的信息，是否就能够很容易地回想起来？我们会发现有许多不同的描述，并且每个人对记忆的抱怨也不相同。

另一方面，一些事物有助于发展某些人的记忆力，对另一些人则不然。所以，我们不能真正地比较"好的"或者"差的"记忆。因为，对记忆效率的感觉是非常主观的：一个人与另一个人不同，一个领域与另一个领域不同，一个年龄段也不同于另一个年龄段。

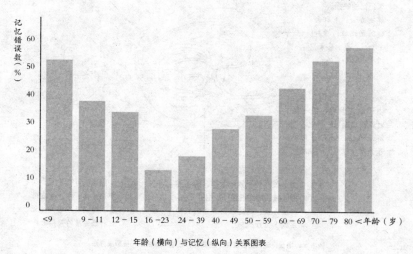

年龄（横向）与记忆（纵向）关系图表

另外，在医学上，虽然神经学家和心理学家能够判断一个人是否存在记忆的障碍，但是，对他们来说衡量和断定一个人记忆力的真实情况是极为困难的。

好的记忆是年龄的问题吗

应该以另一种方式来提出这个问题：是否存在一个学习效果最佳的年龄段？答案是肯定的。人们在大约 30 岁之前，能表现出不同寻常的记忆能力，较容易集中精神，并且学习速度较快。在这之后，人们学习变得有些困难。但是，这并没有什么可怕的！只不过为了达到同样的效果，人们需要用更多的时间。在 15 岁时我们只需要学习 3 次就能记住一首诗，而 50 岁时我们必须投入更多的精力来分析和处理信息，而且我们对干扰和噪音更敏感，所以需要更多的时间和更多的尝试来记住同一首诗。一个中学生可以边听音乐边复习功

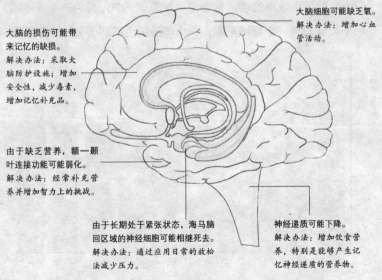

大脑细胞可能缺乏氧。
解决办法：增加心血管活动。

大脑的损伤可能带来记忆的缺损。
解决办法：采取大脑防护设施；增加安全性，减少毒素，增加记忆补充品。

由于缺乏营养，额一颗叶连接功能可能弱化。
解决办法：经常补充营养并增加智力上的挑战。

由于长期处于紧张状态，海马脑回区域的神经细胞可能相继死去。
解决办法：通过应用日常的放松法减少压力。

神经递质可能下降。
解决办法：增加饮食营养，特别是能够产生记忆神经递质的营养物。

随着年龄增长，记忆力会发生一些变化，在这里提供了一些解决办法。

课，而一个 40 岁的人只能在安静的环境中才能保持精神集中。

然而，当涉及重新提取信息时，年龄大则构成一个优势，因为一个人的年龄越大，所储存的信息相对就越多。让我们来举一个例子：如果你是一位年轻记者，正在跟进一个选题，关于这项任务你一定比你的主编知道得更多。但是他可能会告诉你，关于类似的内容，在 60 年前的某份报纸上曾发表过一篇非常有意思的文章。这是记忆中经验的参与，是随着时间的推移所积累的知识的反映。如果你让我学习一篇医学文章，我将比较容易记住，因为我已经拥有了这个领域的很多知识，这将帮助我记住新的知识。相反，如果是一篇法律文章，我就只能死记硬背，而这对我来说比较困难。

最好在年轻时学习一门外语吗

最好早点儿开始学习外语，因为它涉及精确的知识，而通常一种语言词汇的构筑、语调的学习都是在幼年自觉发生的。5 岁之前，一个孩子能够自觉学习不同语言的全部语音；而年龄稍大一些，则会选择那些自己常听到的词汇进行学习。因此，一个年纪非常小的孩子可以借助一些短小的歌曲来掌握不同的外语语调。

对成人来说，这项任务更多地要求"用心"强记，因此将更难以实现。但是不要忘记，总是存在个体的例外。我的前任老板在退休后学习了西班牙语和意大利语，并且达到了相当优秀的水平。而这对其他人来说，则被证明是比较困难的。

记忆力的好坏是基因决定的吗

即使教育可能扮演着一个重要的角色，我们还是发现，一些人虽然没有在著名的院校进行过长时间的学习，却有着非常出色的记忆力；相反，有一些人虽然经常出入重点院校，却并没有良好的记忆力。因此，学习能力的不同，不仅仅归因于教育的影响。

然而，还没有任何一个研究人员发现超常记忆的主控基因。虽然在某些动物身上发现遗忘基因和记忆基因，但是直到现在，这些通常是从一些非常特殊的实验中总结出来的假设，很难用以推断人类记忆的自然功能。总之，记忆肯定表现为天生所有和后天获得、基因和教育的混合物。

男性和女性以相同的方式记忆吗

回答这个问题并不容易，虽然绝大部分的性别特征与教育有关，然而通过采用激素分泌的间接方法却证明，基因也是一个需要被考虑的因素。某些激素分泌的多少是性别特征形成的主导因素，并且对许多智力功能，特别是记忆的运作具有影响。这种干预如果出现在儿童发育期间，将决定男孩和女孩的不同能力；如果出现在成人期间，将导致不同的行为效率，例如女性月经期间行为效率多少会有所下降。

通常女性在应用语言的活动中更有成就，而男性在需要求助于视觉－空间记忆时则表现得更有效率。例如，为了记住一条路线，女性趋向于记忆口语标志——"到了药店，向右拐"，而男性更注意空间方位的变化。

个人文化扮演着什么角色

基本上是记忆构筑了我们的个人文化，因为文化是我们通过学习获得的知识，它既包括亨利四世于 1610 年 5 月 14 日在巴黎被杀，都柏林是爱尔兰的首都等这样的常识，也包括你小学四年级历史老师的姓名，或者你最喜爱的电影导演的名字。的确，新信息越是能和先前的知识建立联系，就越容易被掌握。记忆帮助我们构建了知识储存库，使我们更容易记住在同一领域里的新信息。

因此，一个律师或一个演员通常要比一个花匠更"擅长"学习一篇文章。律师将立即发现一篇文章分成 4 个部分，其中第二部分使他想起以前在别处读到的论点。相比之下，一个花匠或一个猎人可能更容易记住一条路线。简而言之，越是从事一项专门的、职业的活动，就越能开发在这一领域的记忆能力。

良好的记忆是智力使然吗

记忆当然与智力有关。同样不可否定的是，它参与智力的运行功能。但是我们从科萨科夫综合征患者身上发现，他们虽然遗忘了许多东西，智力却保存完好。1888 年俄罗斯医生科萨科夫曾经记录，他的一个遗忘症患者在赢得一盘象棋两分钟后，就忘记了自己获胜的事实。

心理学家用"认知"或者"认知过程"代替"智力"这个术语。如果把智力定义为解决问题或者适应新情况的能力，那么在缺乏记忆参与的情况下，它将是极为残缺的。事实上，智力因生活经验丰富而逐渐提升，而经验就是记忆。

我们的大脑是否在不断地记忆

只要我们不睡觉，大脑就会感知信息，我们就可以或多或少地去记住某些信息。当我们正在聚精会神地阅读一篇文章时，有人在隔壁房间听收音机，起初我们可能没注意或者听不见……直到某个时刻阅读无法再吸引我们的注意力，于是我们的精神由于音乐的干扰而开始漫游。幸运的是，意图、动机、意识（我想学习）能够过滤这种对干扰的感知，使我们的注意力集中。

但是，我们是否能记住所感知到的一切？所有的都被储存起来了吗？我们都能够回忆起来吗？一切感知都在我们的大脑里刻印下痕迹，但其中一些被删除了，另一些改变了：不太重要和未被利用的信息将趋于消失，或隐藏在某种存在之中。总之，很可能我们记住了比我们所想象的要多的信息，但也应该考虑一下所有信息是否都真的有用。

我们冒着记忆"饱和"的危险吗

我们的记忆存储似乎从来都不能达到饱和，并且我们总是能够学习更多的东西。除非在生病的情况下，一个80岁或90岁的人完全有能力学习新知识。

然而，学习机制则不同。在一段时间的学习之后，平均在45分

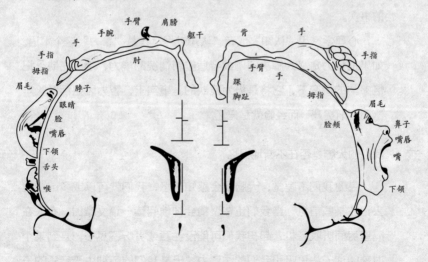

大脑的特定部位与身体的触觉相关联，身体各部位会随着它们传递给大脑的与触觉相关的信息数量的变化而变化。

钟到 2 个小时之间，记忆即达到饱和。但如果我们隔一段时间更换一个科目，就能够连续 6 个小时不断地学习。例如，在我学医的时候，我先学习 1 小时的肺病学，然后再学 1 小时的神经学以及 1 小时的血液学，而不是 3 小时都在学习神经学。事实上，最好将知识分成小块来学习，以避免极为相近的知识之间互相干扰。虽然每门学科都没有全部学完，但是我们却能够很好地掌握已经学过的部分。当然，一段时间之后，应该休息或者更换学习内容。更换科目能重新刺激学习机制，不要忽视新事物的激励作用。

我们能够在大脑中确定记忆的位置吗

解剖学的观点认为，记忆痕迹储存在整个大脑中，特别是大脑后面的感官部分。

神经元间的相互连接形成了神经"网络"，它的形状像蜘蛛网，连接着所有与同一事件相关的感觉元素。当一个神经元学习时，会产生特殊的电活动，分泌出蛋白质，并且与其他神经元建立连接形成环路。以后，每一次做同样的事情时，都会巩固相关的电痕迹和蛋白质合成的记忆。因此，环路用得越多，记忆痕迹在大脑中保存得就越持久。

当我们要回忆上个周末做了什么的时候，会尝试寻找相关的神经元地图，包括所有与其联系在一起的味道、声音、情感等。回忆的过程就是重新构建神经元地图，聚集所有分散了的记忆痕迹。

我们应该在什么时候为自己的记忆担忧

约有50%的50岁的人和70%的70岁以上的人常抱怨自己的记忆，但这些抱怨并不一定对应着记忆障碍——没有疾病就没有记忆障碍。许多抱怨自己记忆不好的人，记忆检测结果却完全"正常"，其实他们只是缺乏注意力。然而在日常生活中对另一些情况的抱怨则确实令人担忧，比如别人重复了20次的问题仍然记不住；经常在马路上迷失方向；不记得10天以前做过什么，而那天正是侄女的生日……如果在记忆检测中确实显示出不正常，那就有可能真正患了疾病。

如何进行记忆诊断

首先，帮助那些来做记忆诊断的人消除疑虑是非常必要的，要让他们有信心。记忆测试一般需要1—3个小时，为了确定某一种记忆障碍，必须对记忆的不同方面进行测试：视觉记忆、口头记忆、文化知识、个人经历等。并且不应仅局限于测试记忆，同样也需要测试注意力、语言能力、演绎推理能力等。

所谓对"情景"记忆的测试，包括对一列词汇、历史知识或者地图的学习，可以是简单的，也可以是复杂的。一旦被测试者已经记住了一列词汇，我们将立刻让他复述（即刻回忆），然后在2分钟、5分钟或者10分钟之后再次复述（分散记忆）。测试可以通过提供一个线索来简易化："请你回忆一下，在那列词汇中有一种花的名字。"也可以要求在第二列词汇中找出在第一列中出现过的词，也就是说，通过"识别"来回忆。

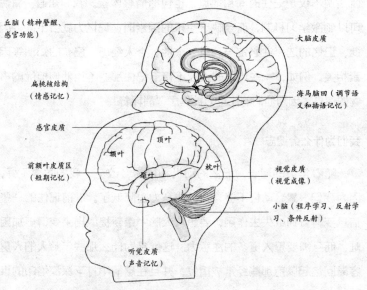

丘脑（精神警醒、感官功能）

大脑皮质

扁桃核结构（情感记忆）

海马脑回（调节语义和插语记忆）

感官皮质

顶叶

额叶

枕叶

前额叶皮质区（短期记忆）

颞叶

视觉皮质（视觉成像）

小脑（程序学习、反射学习、条件反射）

听觉皮质（声音记忆）

一段经历的点点滴滴储存在大脑的不同功能区域中。比如，一件事如何发生储存在视觉皮质，事件的声音储存在听觉皮质。同时，记忆的这两个方面还互相联系着。

如果测试结果显示不正常该怎么办

如果结果是正常的，测试就到此为止。如果测试表明存在记忆障碍，医生可以要求被测试者做其他医学影像的检查。通过扫描或者磁共振图像可以知道某种功能丧失是源于肿瘤还是脑部疾病发作，或是记忆区域萎缩。这种检查报告有时候对探测某些疾病非常有用。

我们为什么记住一些事情，却忘记另一些事情

在个人记忆中，感情、感觉和动机扮演着重要的角色。记忆一条信息，不仅只是学习这条信息，也是学习它所要表达的内容，也

就是说不仅是记住时间和地点，也包括情感体验。我们知道，愉悦可以刺激学习机制，而当缺乏快乐的因素时，记忆力就会下降。因此，记忆的选择性必定与动机、个性、个人经历、已有的知识等因素相关。例如，一些焦虑的人较不善于记住那些不让他们担忧的事物的信息，因为他们的注意力被焦虑"消耗着"。

我们为什么会遗忘

随着年龄的增长，记忆的动机和能力会改变。我们学得不好，因为我们很累，动机不够，并且注意力也降低了。以前记住的一些信息变得普通或失去作用，要想从大脑中重新提取出来变得更加困难，而且需要投入更多的注意力。这就是为什么那些年龄大的人更容易回忆起以前那些经常被重复，并且在感情中打下深深烙印的事情的原因。

这种难以找回记忆的现象常表现为两种形式。第一种是"舌尖现象"，其特征是对一条信息的回忆非常困难，然而我们知道它就在那儿——比如一个人的名字——只是一时想不起来。而当我们成功地想起第一次遇到这条信息的场景时，它就会出现在我们脑海中。

第二种现象则与记忆的"源头"有关。我们记住了一些事情，但是却记不清事情发生的具体时间和地点。例如，我们接连几次向同一个人讲述同一则逸事，因为我们忘了在生命中的哪个时刻已经讲过它了，而且讲过不止一次。

一些记忆为什么被扭曲

因为一个很简单的原因：记忆不是以一个自主的实体存在的。记忆不是你能在图书馆的书架上找到的一本书，也不是一张相片。

我们记住一张相片，是记住了这张相片的组成要素，也就是说，回忆的过程是对一幅图像或者一种状况的重组。在这个过程中，我们只能重组不超过 80% 的信息，而另一个参加了同一个场景的人也记住了 80%，但他所记住的内容和我们记住的是不同的。长久之后，一些要素将永远消失或者被别的信息干扰而改变、扭曲。因此，我们可能以为堂妹曾经在 1986 年的假期来看望过我们，而实际上她是在 1989 年的假期来的。尤其是如果我们在同一个地点度假，错误的信息就更容易对记忆造成干扰。

为什么有时候我们找不到钥匙

我们的日常生活充满了很多随意的情形。当把钥匙随意放在某个地方时，我们总是不太注意，因为放钥匙的动作在记忆中与其他相似的、重复了上百遍的动作混淆在一起了。要知道，我们的大脑不能记住或者以有意识的方式回忆起所有的东西。为什么我们要记住一切？那将很可怕。我们做过太多的事情！我们的大脑使某些信息变得容易回想起来，并使另一些信息变得模糊不清，这样才能为其他更有意义的信息保留空间。因此，自动化的行为带来的更多是好处——留着空间去记住那些比把钥匙放在什么地方更重要的信息。如果我们经常忘记把钥匙放在哪儿了，不妨利用一些外部辅助工具，比如空口袋——总是把钥匙放在同一个地方。

我们能否改善记忆力

通过训练可以改善记忆力，但只局限在被训练的那个领域里。

如果训练的是记忆文字的能力，我们并不会更容易找到钥匙，但是在记忆文字方面却越来越有效率。我们可以训练注意力，但是记忆名字的能力并不会因此增强。通过练习能够改善一些能力，但关键还在于是否能够把得到的益处应用于实际生活中。如果利用练习来开发视觉能力，却不尝试把它应用到生活中，则没有任何意义。练习应该是快乐的并且符合自己的兴趣，否则效果将会是有限的，甚至造成焦虑。这意味着，最好的激励是在日常生活中开展各种活动，阅读、与朋友聚会、旅游等。良好的生活保健也同样是不可忽视的，失眠、劳累过度、焦虑都是影响注意力的消极因素。

是否存在可以增强记忆力的维生素

人在疲劳的状态下，补充维生素 C 能够增强注意力。脑营养学家建议每个星期吃两次饱和脂肪含量高的鱼，但这并不是说，吃鱼会使我们拥有超乎寻常的记忆力。只不过，我们不太重视养成良好的生活习惯——均衡的饮食、充足的睡眠、良好的身体状况对记忆功能的重要性。

如何训练我们的记忆

在这本书中，你将发现一系列趣味练习，这些练习不是让我们学习如何选择正确的答案，而是帮助我们学习解决问题的技巧。如果涉及记忆数字的练习，重要的不是找到正确的答案，而是掌握应该应用的方法。这样，在今后的生活中再遇到数字问题的时候，我们就知道该使用哪种方法了。要记住，生活中所有要求我们集中注意力的情形都对记忆有帮助。

最初几年的记忆

我们造就了自己的记忆，正如它造就了我们。幼儿时期，是发展大脑和构筑精神心理的时期，也是最具活性的阶段。在生命的最初阶段，记忆已经拥有了可供一生铸造的雏形。

从出生前开始

胎儿有着丰富的印象和感觉，并且对母亲在怀孕过程中的感情非常敏感。胎儿记忆的形成和发展是一个复杂的过程，涉及基因、神经内分泌腺（作用于神经系统的激素）、生物化学和感情因素，并以间接的方式通过胎盘和母体承受着外部环境的强烈影响。

胎儿感知什么

胎儿能感知许多的事：母亲有节奏的脉动、摄入的某些食物的味道、由于姿势不好而引起的肌肉收缩以及在出生后所能够辨别的音乐和声音。当新生儿听到一段在母腹中的最后 6 个星期反复听过多次的儿歌时，会更用力地吮吸塑料奶嘴。我们也观察到了类似的反应，当新生儿听到母亲的声音时，能将其与其他女人的声音分辨开来。在有多种味道可供选择时，新生儿会更偏爱母亲在怀孕时经常吃的食物的味道。因而，婴儿很早就能记得使自己感到舒服和兴奋的东西以及使他们感觉良好或觉得不舒服的事情。

早期沟通

在怀孕期间，对即将出生的胎儿来说非常重要的一点是，把他放在关照的中心——腹部按摩有助于孕妇的舒适和父母与孩子之间的早期沟通。在触觉接触中，胎儿在母腹中将以积极的方式移向这些快乐的源头。这些印象随后会变成感觉，并形成记忆草图，胎儿会因此牢记这些生命与交流乐趣的"初体验"。这些初体验将会让孩子一生都保持乐观的心态，在遇到困难时屹立不倒。

出生是一个真正的"生态搬迁"。为此，母亲在生育孩子时应该有亲属和医生的支持，让孩子在绝对安全之中来到这个世界。这样，父母与孩子的情感联系将被延续，并且这种信赖关系先于其他任何情形被孩子记住了。

大脑的逐渐发展

从刚出生到 2 岁之间，人的大脑将增加大约 4 倍，最后在 20 岁左右达到 1400 克。大脑的发育对应着成熟现象和神经元之间连接的发展，一些神经元环路消失了，而另一些则被重新塑造并发展起来。大脑的"连线"逐渐实现，特别是在最初的两年间。每个神经元与其相邻的神经元之间，突触可多达1万个，而非相邻的总连接数则可达到千万亿个！同时，伴随着神经元环路的成熟，会逐渐形成一层保护层——髓磷脂，它将易化神经冲动的流通。

"大脑的可塑性"

神经元环路形成一个令人吃惊的复杂网络，它是所有学习活动的基础结构。为了描绘神经元适应新情况和学习新信息所具有的生物能力，神经学家称其为"大脑的可塑性"。

记忆发展的3个阶段

从记忆形成的角度来看，我们可以把从受孕到孩子6岁之间，划分为3个阶段。事实上，记忆始于"母亲的怀抱"，即整个怀孕期间。孩子出生后，从学会走路直到3岁，经过"创造世界"的阶段到充满发现的时期，再到在"重新创造"的精神状态下学习的时期。然后随着生命的推移，通过回忆与生活经验相结合继续"再创造"。对于孩子来说，从真实到想象是个无尽的过程，是通往现实的必要认知过程。

从出生到学会走路

在这个阶段，给予孩子适度的尊重有助于他们饮食、睡眠和所有重要神经功能的调整。先天性差异、美好的回忆就是这样建立起来的：关注并给予适当的自由。

动作和感知的重复以及在规律之中逐渐出现的突发变化，是在快乐的环境中成功地组织良好的记忆的基础。声音和动作相互交织产生的安全感与父母之爱给予的安宁，有利于孩子大胆地去发现周围的世界。

儿童记忆缺失

从记忆的层面如何解释"儿童记忆缺失"现象，也就是说，一般成人无法回忆起在 2—5 岁的生活情景。是否应该借用一下弗洛伊德为幸福而遗忘的抑制论？还是应该立足于情景记忆的环路解剖提出的在生物成熟方面存在自然缺陷？我们知道，情景记忆是要到一定的年龄才开始逐渐发展起来的，并且可能与语言能力有关。

然而，成年人无法回忆起幼儿时期的生活情景，或者这种记忆非常罕有，并不意味着幼儿缺乏全部记忆能力，他们完全能够在短时期内回忆起某些信息。

身体健康的孩子，会非常自然地对吸引他们注意力的新情况和物体产生兴趣和偏好，在成功地实现一个目标后，他们会带着更大的乐趣去迎接一个新的挑战。但是如果周围没有有趣的"另一个"挑战，也就不会有他们天真幼稚的絮语和在快乐中的动力以及感觉的觉醒了。

"第二个童年"直到 3 岁

孩子越多地在父母的爱和关注下安全地发现外部世界，就越能够找到其中的意义，并且记住这些发现，而这也更能刺激他们的好奇心和探索的欲望。

父母的激励不应该仅局限于孩子的实际亲身体验，还应该发展其抽象的思考能力。情感记忆和重复记忆可以帮助并刺激孩子智力发展，然而重复消极的信息和超负荷记忆会使他们失去前进的勇气，从而产生阻碍作用。我们知道，乐观的人更容易记住那些幸福快乐的往事，而悲观的人则更趋向于回忆那些令他们痛苦的事情。

在游戏、模仿、发明中提升创造力和想象力；发现性别的不同，并度过具有恋母情结特征的时期；因弟弟或妹妹的出生而引发的嫉妒；在幼儿园开始最初的学习……我们不知道如何衡量孩童时期记忆的强度和情感的力量，但可以确定的是，这些记忆会影响到他们以后生活的方方面面。与此同时，在生命的这一时期，大脑通过突触的发展与稳定，实现了一次巨大的生物性跳跃。

3 岁到 6 岁的"重新创造"

可以说人类心理的建构是一个不断返工修改的巨大工程。唯有人类的大脑才可以协调重复与改变的需求，同时稳定被自我延续的主观感觉，并保持一定的创造性去适应各种境况和不可避免的现代科技进步。

我们来举个例子，为了帮助孩子克服对夜晚和黑暗的恐惧以及从清醒向睡眠过渡，父母经常给他们读故事，这时阅读忠实于原文的断句和语气是很重要的。这个习惯能安抚孩子，让他们很快就能毫不费力地灵活支配电脑鼠标，甚至能开心地做到在播放广告时转换频道和熟记发出特殊信号的音乐。

　　一个5岁的孩子就能带着自责连续不断地进行记忆修整，以检验自己对世界和存在物的假设，扩大并增进自我想象与现实的联系。但这种行为最初是从象形符号里剥离出来的，孩子的推理方式是以自我为中心的，是其想象的产物。

　　因此，孩子的"证词"可能会有些靠不住。事实上，很难使他们将真实存在从想象的部分中分离出来。例如，他们把父母叫醒，"因为在他们的床底下藏着个人"，并且他们对此非常确信。个人强烈的情感也会困扰他们，并可能扭曲记忆。

一生的记忆

　　在童年这个非常特殊的阶段以后呢？一生当中，只要我们注意保持兴趣爱好、保持良好的家庭与社会生活，大脑可塑性与精神灵活性就会持续活跃。如果说"老人是退化后的小孩"（引自心理医生卡特琳娜·杜勒托），那么儿时记忆中的生活乐趣、信任与安全感就为整个人生埋下了种子，尤其保证了成人后的生活质量。

在学校的记忆

在学校里，我们要完成多种学习目标，要解决多项议程，这常常都需要与自己的时间竞赛。首先，有一些是你希望学到的知识，因为你对它们感到好奇，并且认为学习这个科目很有意义。其次，有一些是你的老师希望传授给你的课程。再者，有一些是社会体制要求你掌握的知识，还有一些是父母期望你学习的课程。另外，一个学生必须知道自己将会被测试哪方面的知识或技能。一些测试是衡量知识水平的，另外一些测试很可能是检测技能水平的。有些课程可能会让你进行个案分析，其他的课程则需要你知道一些公式。有的测验可以使你提高即兴思考的能力和提升创造力，有的测试则可以指导你学习的方向。无论这些课程目标和检测方法多么不同——无论是一篇短文考试、多项选择、数学等式、口语表达，还是个案研究，它们在有些方面是相同的，即每一种考察方法都需要知识，而这些知识的学习都需要依靠你的记忆力。

研究人员根据在教学实验上的发现提出，在学校的学习归因于记忆的感觉本性。比如，有的学生采用"照片式"视觉记忆获得知识，有的则通过听觉记忆用心强记。一个多世纪的研究表明，记忆方法种类繁多，并且非常复杂。

"照片式"记忆：一个虚构的神话

科学研究表明感官记忆的确存在，但它们是短期的，视觉记忆大约为 1/4 秒。另外由于生理特殊性，我们的眼睛只能保证在一个极小的角度内有较高的视觉敏锐度：2°—4°，即一个由 4—5 个字母组成的单词大小。也就是说，我们不可能对一页书"拍照片"。

感官记忆也适用于记忆其他的信息，语义的、图像的。比如说，图像记忆就是借助事物形象（物体、动物或植物）来存储信息的。这种记忆能够以持久的方式存储复杂的信息。美国科学家曾做了一个实验，对于 2500 张照片，被测试者在一个星期后重新观看的时候，仍能够辨认出其中的 90%。但这种记忆并不是所谓的"照片式"记忆。当我们"真的确信"似乎在脑海中看到了课本中的一页时，实际上这并不是一个准确的表述，因为我们看到的只是视觉组合图像，而且我们无法指出一个确定的单词在"这一页"中的准确位置。

听觉记忆是最有效的吗

当比较在短时间内记忆一列字母或单词的能力时，我们会发现听一段文字比我们自己阅读同样的文字要记得更好。但是，一旦这个测试被延迟 10 多秒钟，听觉记忆相对视觉记忆的优势（大约20%）就消失了，听和读的效果就相同了。无论是视觉的，还是听

觉的，事实上，信息很快就融合在一个更高级的符号编码——短期
记忆中了。

从短期记忆到专业记忆

短期记忆，又称作运作记忆，这种记忆好比电脑的记忆，能够
暂时记住来自一个永久记忆介质（如硬盘）的信息，或者以键盘、
扫描仪等形式输入的信息，并将它们汇聚在一起或者分别进行不同
的处理。一些研究人员甚至估计，短期记忆是一切逻辑推理的基础。
但这种记忆的容量非常有限，大约一次 7 个元素，也就是说我们在
脑海中一次只能够保存有限数量的信息。由于这种记忆很快就超负
荷，对信息只能记住几秒钟，因此对那些重要信息有必要重复记忆。

计划的好处

非常幸运的是，短期记忆与不同的专业记忆是联系在一起的，
词汇记忆使单词以声音和图画的形式被储存起来，语义记忆保存着
经过分类的概念以及图像。这些专业记忆在运作时，短期记忆将参
与信息的分组。如在学习乌鸦、金丝雀、鹰、喜鹊这些词时，它们
将与已经出现在语义记忆中的"鸟"类联系起来，这样通过类属法
我们将更容易记住这几个词。这种有效的学习机制正是基于对信息
的有效组织。这也是通过概要、阅读笔记或其他形式将所要学习的
内容结构化，从而能够更高效地掌握和记忆知识的原因。

课堂上阅读第一

技术的进步并不总是能够带来更有良效的新教学工具，有时候还是需要使用一些老方法，而非不加分辨地将其取代。更好的解决办法是把新的和旧的方法联系在一起，各取所长。这是一个由心理学家阿兰·里约希为首的法国研究小组对 100 多名学生研究后得出的结论，实验的目的是比较不同学习方法的效率。

不同学习方法的实验

语言和图像（不可与听觉和视觉混淆起来）构成了不同的记忆方式。事实上，一方面我们能够分辨出 3 种信息类型——语言、语言和图像、只有图像；另一方面，我们也具有 3 种信息记忆方式——视觉的、听觉的和视听的（结合了前两种方式）。这就有了 7 种可能的组合：视觉上，简单的阅读材料、课本或无声电视纪录片；听觉上，口授课或有声电视纪录片；视听上，借助图像进行的口授课或带字幕的电视纪录片。在这个实验中，被测试者观看的电视纪录片是关于不同主题的，比如阿基米德或人类的听觉感知。

当用图像表现一个熟悉的主题时很有教学价值，阅读材料或参看课本也有助于获得好的效果，而"无声"电视纪录片则没有太高的价值。如何解释这种区别？

正如其他研究表明的，图像只有以语言的形式记录在大脑中才是有效的记忆方式，即心理学家通常所说的"双重编码"（这一术语最早由加拿大心理学家艾伦·拜维奥提出）。事实上，"双重编码"的前提条件是阅读或者利用教科书，通过调节学习节奏来掌握某些术语或专有名词。而与阅读不同，电视观众既不能调节图像的速度，也不能进行退后操作。

因此，为了提高教学效率，应该在图像中伴随字幕，更好的是让学生自己控制学习的节奏，比如用电脑代替电视。

回忆的线索

任何学习都是为了能够在今后重组所获得的信息。然而，长期记忆中的大部分信息都不能存留在短期记忆里。因此，我们可以利用一些线索。例如，让一组人学习 20 个词，在回忆的时候提供类属（比如"鸟""鱼""作家"）将有助于最大数量地重组出所学过的词。这样的线索在不同形态下都有效，在教学方面，线索常以关键词或提示图的形式出现。

存在这样一个特殊情况，线索即词汇或图像本身，也就是所谓的重新辨认。重新辨认的成功率是惊人的，被测试者能够准确辨认出所学信息的 70%—90%。在教育学上的应用表现为多项选择调查表，被测试者被要求从几个备选答案中选出正确的答案。

图表胜于冗长的讲述

图表是学习和重组复杂信息的一种极好的方法。它的优点在于，能在表述的同时进行组织。图表的形式非常广泛，有曲线图、流程图等，其中最为常见的是地图。

阿兰·里约希研究组做过一个实验，让一群学生分 3 场次学习一段 10 分钟的电视资料片。该资料片节选自尼古拉·于洛的纪录片《尼罗河源头的秘密》，内容是关于尼罗河的水域系统。在影片最后，只向被测试者中的一半人展示了一个描绘尼罗河水域系统的图示。之后，所有的人都参加了一个测试，用来证实学生掌握的知识分 3 个级别，从资料片的主题（级别 1）到水域变化的细节（级别 3）。结果，那些看了尼罗河水域系统图示的学生取得了最好的成绩，他们在一开始就成功地抓住了大主题，而那些没有看图示的学生都是逐步抓住主题的。

男性与女性的记忆

　　关于男性与女性智力不同的学术争论和社会争论一样，都提出了两个问题：有什么不同？是教育、社会、历史原因使然，还是该从解剖学、遗传学、两性的生物特性学考虑？

男性知道他们要去哪儿，女性知道她们在哪儿

　　"女人没有数学天分""男人不会预知并且组织能力很差"……为了深入认识这类问题，心理学家和神经学家不断进行实验，以下是得出的几项结论：

　　当要求男性和女性描述自己的过去时，女性的叙述更为详细和连贯，并且充满感情。在一对夫妇中，一般女性保存着更多共同生活的记忆并且更能记住事件的细节和发生时间。对童年生活的最早记忆，女性比男性平均要早 6 个月。

当要求记住一篇短文或者一列字词时，通常女性表现得更好。在被问及几年前读过的一本小说的内容时，男性和女性却有着相似的结果。女性总是更好地记住旧同学的名字和面孔，但无论男性还是女性都更容易地记住与自己同性别的同学。男性通常保持良好的代数知识，并且能借助几何特征（形状、方向等）更快地掌握一条路线；女性则更多地借助口头标志来确定方向："在面包店前向右拐，然后在邮局前向左拐……"

因此，对于一些记忆方式，两性中的某一性似乎真的存在优势。

性别不同大脑也不同吗

从解剖学的观点来看，男性和女性的大脑几乎没有差别，其主要不同在微观层面。男性语言的要素似乎更多地表现在大脑的左半球，而女性在处理语言时则更多地同时利用两个脑半球。这大概可以解释为什么在对字词或者文章的记忆测试中，女性更具有竞争力。

与激素有关吗

某些激素（睾酮、雌性激素、黄体酮）在性别发展（生殖器官、第二性别特征）以及与生殖相关的生物过程（男性精子的产生、女性的月经等）中扮演着关键的角色。它们在血液中的浓度，女性与男性有所不同，甚至同性之间以及同一个人在不同的阶段也不同。为了明确激素的浓度与认知和智力之间的关系，科学家进行了许多实验。睾酮（雄性激素，或者男性激素）在男性出生前和刚出生后以及青春期的分泌量非常大，这种激素对数学和空间能力起着重要作用。用类似的方法我们发现，女性月经期间雌性激素浓度的变化影响着不同领域中的各种能力，如语言的自如、口头记忆和手的灵敏度。在更年期以及更年期之后，记忆能力轻度降低大概源于这一时期的激素变化，激素的替代物治疗能够部分地减轻这种症状。

与教育有关吗

同时，记忆能力也受教育、社会、文化等因素的影响。教育有可能促成某些"男性的"或者"女性的"行为。比如，某些玩具是用来刺激男孩子的，开发他们的生理世界和认知能力；而另一些玩具则是用来促使女孩子去发现和认识社会的。这样，不同的教育方式出现的动机与频率常常会导致两性之间差异的产生，或直接构成差异。

总之，在记忆方式上两性的相似性要多于差异。另外，需要明确的是，女性完全可以在一个由"男性的"记忆主控的领域获得成功，并且胜过大部分的男性，反过来也成立。

第五节
强烈刺激会留下深刻记忆

外界信息通过感官使人产生记忆

人的记忆是由外界输入人脑当中的信息构成的。外界信息进入大脑的途径是人的感官，人的感官主要有5种，分别是视觉、听觉、嗅觉、味觉、触觉。当然，人们通过感官接收到的信息，必须要进入大脑之后才会形成记忆，没有大脑，感官自身并没有什么特别的意义。感官只是单纯的途径，光线、震动、气味等物理刺激通过感官之后只会形成神经冲动，这些神经冲动需要在大脑当中进行解释和分析之后才会让我们真正感觉到我们生存的这个世界中的各种形状、颜色、声音和感情等。

感官信息通过人的神经系统进入大脑

感官为什么能够接收到外界的信息呢？人体的内部中心有一个巨大的神经系统，人的身体中的各个部位都有这个神经系统的分支结构。正是因为这种分支结构的存在，人们才能通过自己的 5 种感官来不断捕捉外界的各种信息。

感觉信息进入大脑中，会在大脑深处进行分析，然后这些信息之间会建立一定的联系，再与其他的信息相比较，最后才会形成记忆。我们的感官并不是什么信息都会接受，基本上都是我们注意到的信息或者是和我们有关系的信息，这也是我们现在还能正常生活的原因。如果我们的感官什么样的信息都接受，那我们的大脑早晚都会被环绕在我们周围的各种图像、气味、声音和其他感觉塞满。

外界信息形成的记忆因人而异

虽然人的各种感官都是相同的，但是因为人与人之间有很多地方都是不同的，各种感官信息在进入到不同人的大脑之后，会被人们涂上各种不同的色彩，这就使得很多人对于同一个事件往往会有不同的解释方法。

通过人的感官进入人的大脑当中的信息，不一定都会形成记忆，即便是形成记忆也不一定是深刻的记忆，这是因为大脑需要对感官信息进行过滤，选择最需要的信息进行记忆，至于一些无意义的信息则会被排除。或许我们不一定能够判断出哪些感官信息最终会形成记忆，但是一般来说，感官经过强烈的刺激之后所储存在大脑当中的信息，一定会形成记忆。比如说我们的身体某个部位受了很严重的外伤，这就是我们切身感受到的信息，而且会对我们造成很大的刺激，我们可能一辈子都忘不了。就像很多人都知道自己身上留下的疤痕是由什么原因造成的，即使已经过去了很多年。

大型的事件会使人留下深刻的记忆

很多大型的事件，即使已经过去了很长时间，却依然能给人们留下深刻的印象，比如说奥运会开幕、载人航天飞船上天、火山爆发和地震等，现在想了解这些事件发生的时间等信息，可能随便问一个人都能得到正确答案。相信大部分人的身上都发生过这样的现象，这种现象叫作闪光灯泡记忆，也叫闪光灯效应，是指人们对震撼事件留下深刻记忆的现象。

人的大脑皮层由旧皮层和新皮层组成，旧皮层需要担负维持生

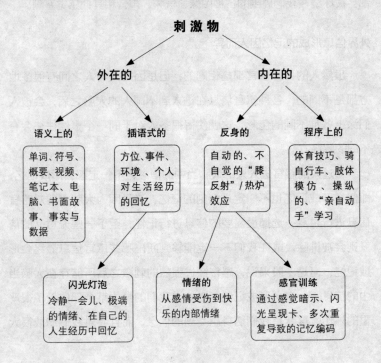

命不可或缺的机能的作用，比如说睡眠，而新皮层则要担负着一些意识活动，比如理性思考等。闪光灯效应的发生是因为有些信息突破了新皮层，到达了旧皮层，与睡眠等人的生命本能连接在一起，也成为一种人的本能，因此在事件已经消失之后，这些记忆仍然能留在人的大脑当中。

由于闪光灯记忆能长久保留，因此在现实生活中，一旦有需要我们长期记忆的信息，我们就可以把这些信息和一些震撼人的事件联系起来，这样一些重要的信息我们就能够长期记忆。

第六节

退休后的记忆

随着年龄的增长，我们的长期记忆会得到提高（我们可以不厌其烦地述说往事），但是我们的短期记忆就大不如前。记忆就像是肌肉，你不使用它就会失去它。

记忆的年龄

童年是记忆的输入阶段。大脑几乎就像"海绵"一样，不断地吸收：童年生活的经历、家庭生活习惯、社会规则、日常用品的使用方法……随着时间的推移，学习变得越来越复杂，并且需要组织。儿童、青少年和成年人都使用适合自己的方法整理知识，以便更轻松地应用。

而老年人带着曾经强制性的节奏和习惯离开工作的世界，从此，必须去适应生活中心转移到家里的日子，这是他们以前只有在假期中才能体验到的生活。现在，他们有更多的空闲时间去从事在从业时进行的一种或几种副业，该是重新捡起曾放弃的娱乐活动或者进行锻炼的时候了。甚至，一些人会开始从事在几年前梦想的一种新的工作或职业。然而，事情并不像我们想象的那样。事实上，一个适应期是必要的，而这个"介于两种生活之间"的阶段，有时候并不容易度过。

什么是随着年龄真正改变的东西

我们慢慢地变老，我们的记忆也跟其他精神的和身体的因素一样，性能在逐渐减弱。不过，只有在患病的情况下，这种趋势才会恶化。其实记忆的退化早在退休之前就开始了！但是这也视个人而不同，不同的精神活动不是以同样的方式和速度演进的。

更频繁地忘却，集中注意力有困难

随着年龄的增长，我们发现很难同时进行几种活动，我们越来越经常"丢失"钥匙或者眼镜。事实是，当思维忙于另一件事时，放置钥匙或眼镜的动作不再被有意识地记住，因此在之后需要它们时无从回想。

另外，对某项活动我们需要付出更多的努力才能保持长时间精神集中，同时我们也不如年轻时学得快。

我们常抱怨想不起某个人的名字。事实上，这是一种任何记忆策略都不那么容易起作用的"低落状态"。众多因素会影响记忆力的演进，一些与个人经历或者社会环境有关，一些则受个人意愿和动机的影响。

衰退的能力

一旦校园时光远去，我们经常忘记在校时学习的知识。我们错误地以为，一篇深奥的文章现在也只需读一两遍就能记住。事实上，我们已经丧失了学习的习惯（组织信息的方式，必不可少的重复，便于记忆的各种技巧和策略等），从而导致新旧知识之间建立联系的可能性变小了，构建心理图像的能力也减弱了。

一条没被记录好的信息在重组时需要投入更多的努力。相反，一旦信息被良好地巩固在长期记忆中，将不会受任何与年龄相关的因素影响。遗忘曲线对每个人来说都是相同的，无论年龄大小。

事实上，对许多事物的记忆都被很好地保存着，尤其是专业领域的知识，我们所抱怨的遗忘几乎总是那些对我们来说意义不大的事物。

不同信息之间的相互干扰

另外，拥有的经验和知识会随着岁月的流逝而增多，一些信息将汇集在一起并分享一些共同的特征：同样发音的名词，我们曾住过的所有地方，我们与朋友一起的晚餐等。这种情况下，最近的记忆能激发以前的记忆，或者相反，最近的记忆刻下更深的感情烙印，妨碍之前的记忆重现。

与上面所提到的不同，似乎存在这样一种记忆，随着年龄的增长其功能趋向增强！这就是心理学家所说的"前瞻性记忆"，即对我们在未来应该做的事的记忆：明天早上打电话给玛丽姨妈，今天下午去药店，在 19 点左右去扔垃圾……许多经验表明，年龄大的人往往比较他们年幼的人更能记住这些行为。越是年轻的人，就越倾向于信任自己的这种记忆能力，然而，结果并不总是与他们所期待的一样。

相反，老年人会借助外部辅助来帮助记忆，比如记事本、符号等。

如何保持良好的记忆力

年龄的增长通常意味着大脑具有的容量越来越少，并且我们更容易疲倦，记忆力也不例外。那么如何保证良好的记忆力呢？

注意生活保健

到了一定的年龄，身体的各种功能通常会变得不太好，而健康问题可能导致记忆障碍。某些药物，特别是安眠药，对记忆会产生直接的负面影响。适当的预防措施和良好的生活习惯，都对守住记忆有利。

不存在能够刺激大脑或者保持高效记忆的"神奇饮食规则"，但均衡的饮食有助于预防心血管疾病、癌症和某些病变，应多吃蔬菜、水果和鱼（特别是那些含有丰富的不饱和脂肪酸的生鱼），饮用适量的葡萄酒（最多一或两杯，并且只在用餐时饮用）。

保持好奇心

额外的不安有时来自某种感觉器官的衰老。当视觉和听觉衰退时，对外界的感知将会变得更困难，而且不再完整，这势必会阻碍记忆。此外，功能的减退还经常伴随着退出社交活动，这样便更残酷地造成记忆功能不能再顺利运转。

事实上，社会或家庭环境的激励、娱乐活动的参与对记忆具有有益的影响。一项记忆测试"在大众中"进行，将会取得更好的成绩，并且如果活动种类越是丰富，产生的效果越好。

我们在年轻时发展的认知资源是年老后"主要"可以依赖的，充满活力、保持好奇心和警觉，对维护智力与记忆都非常重要。

我们感兴趣的是什么

只有在我们不去运用它时记忆力才会衰弱吗？人们常说，当我们变老时，回忆年轻时候的事情要比回忆前个晚上做过什么更加容易。但是这因人而异！增加训练记忆的机会，并不意味着要强制自己去做不符合我们品味、愿望和日常生活的大脑锻炼。然而，日常生活中有着许多需要我们努力记忆的东西，例如银行卡的密码、进入住宅的密码，又或者是完成一项任务的行政程序。那么，为什么不创造些技巧或者策略来训练记忆呢？

当然，除了有用的或者必要的活动之外，还存在其他一些可供我们选择的活动。没有什么比记住那些看似无任何用处的东西更难的了，比如所有城市的市政府所在地。对一门外语进行学习，却没有居住在使用该语言的国家一些日子的打算，则毫无用处。如果不制定一个计划，并有规律地实践，那么要掌握计算机操作（记录个人经历、编制家族数据库等）几乎是不可能的。同样，在听完一系列讲座或者阅读完一本书后，不去复习或深入研究是不能记住很多东西的。事实上，如果我们对某一个课题感兴趣，就应该深入进去。

换句话说，如果想通过某种活动改善记忆，就应该以不断重复的方式去实践，并且长期坚持。最好是选择一个自己感兴趣的活动，这能给自己带来直接的满足感，并且要为此做好付出必要努力的准备。

剖析记忆

记忆功能的正常运转需要整个神经系统的参与，神经系统负责传递并处理感觉信息。感觉信息影响着我们的情绪、行为（比如语言）和个性以及记忆的特殊性。

神经系统

神经系统由周边神经系统和中枢神经系统两部分组成，神经网络遍布全身的各个部分（皮肤、肌肉、关节等），包括所有的器官、腺体和血管。神经系统将外界的信号（视觉的、听觉的等）传递给大脑，使人体以运动的方式反馈回应。例如，大脑将听觉信息解码后，回应的动作才能被组织起来。并不像我们想象的那样，大脑是中枢神经系统的唯一构成物。

大脑，中央组织者

中枢神经系统由脊髓（位于脊柱中）和脑组成。脑被封闭在头骨中，包括小脑、脑干、间脑和大脑。小脑位于大脑的后面，是运动的控制中心。脑干在脊髓的上方，也是一个关键部位，因为它是循环系统、呼吸系统、觉醒和体温的控制中心。

当感觉到达大脑时

脑半球的表面被许多脑回缠绕包裹着，并被几条沟分成5个主要的区域：枕叶、顶叶、颞叶、额叶和岛叶。岛叶隐藏在外侧沟深处，参与调节感觉信息。

枕叶、顶叶和颞叶位于脑半球后部，分别控制一项或几项感觉功能：枕叶负责视觉，顶叶负责触觉，听觉、味觉和嗅觉由颞叶负责。当然，它们之间的连接部分可以交换、比较和修改各自所带的信息。

额叶位于大脑前部，占了整个大脑的40%，是一个专门负责复

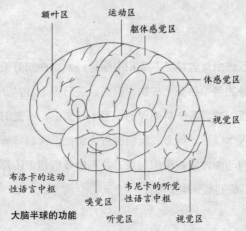

大脑半球的功能

杂行为的区域，管理着个性、创造力以及精密的认知行为，比如计划、策略、组织、预测等。

每种类型的记忆有其对应的大脑区域负责

根据所涉及的是要记住一条新信息，还是回忆过去的时间、地点或是以往学过的知识、经历的感情，记忆功能所要求和利用的环路是不同的。

短期记忆

短期记忆的每个组成部分都与不同的大脑区域相连，语音圈与大脑左半球的顶叶和额叶区相连，视觉－空间记事区位于大脑后部，中央管理者可能与左脑半球的额叶联系着。

陈述性记忆

对新信息的学习和巩固发生在两个巴贝兹环路里，其中一个位于左脑半球，另一个在右脑半球。这些环路由大脑内部的海马脑回和扣带回构成，属于大脑的边缘系统。以前，我们以为这些环路与感情环路是一样的，但事实上是扁桃核结构给记忆装载了感情。左脑半球的巴贝兹环路用来记忆由语言带来的信息，比如阅读或听到的句子；右脑半球的环路用于记忆空间信息，比如路线和抽象的图像等。两个环路又互相联系在一起，实现紧密的合作。

记忆的重组需要通过不同的环路，因为不同的记忆对应着不同的神经元网络。诱发性问题能提供回忆的线索，从而引导我们通向记忆库并实现记忆的有意识再现。但是，目前科学家还不是很了解这个过程的具体情况，只是知道与实际事件的地点和时间相关的线索保存在额叶中。记忆的再现分两步实现，首先靠额叶与颞叶区域的激活来重建，然后由脑后区保存。左颞－额叶区的损伤会造成整体认知的困难，对应的右边系统的损伤则会造成个人记忆的残缺。

程序性记忆

我们通过反复学习所获得的行动、习惯和技能，构成最基本和最原始的记忆形式。运动习惯的形成归功于3个大脑区域之间的相互联系，它们以间接的方式参与对运动功能的控制：小脑、大脑深处的区域（纹状体和丘脑）和顶－额叶的某些局部。

大脑和神经系统

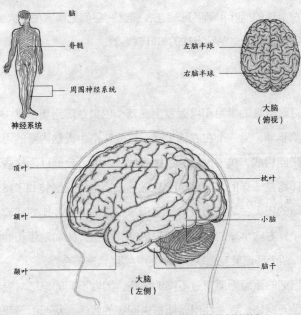

脑
脊髓
周围神经系统
神经系统

左脑半球
右脑半球
大脑
（俯视）

顶叶
额叶
颞叶

枕叶
小脑
脑干

大脑
（左侧）

中枢神经系统由脊髓和脑组成，大脑的每个部分都与一个确定的功能相结合。

感情环路

给记忆加上感情色彩能够调整行为适应各种状况。例如，当我们看到蜘蛛时会恐惧、惊叫、逃脱或采取防御行为。这种感情的"着色"通过一个特殊的环路得以实现——扁桃核环路。构成感情环路入口的扁桃核结构与大脑的其他众多区域都相关联，它接受来自所有感觉区域的信息，也与控制本能（比如饥饿、干渴、欲望、愉悦）的海马脑回联系着。这一结构还与控制自主神经系统的脑干区域相连，调节心脏和肺部功能以及皮肤的反应，这就解释了为什么恐惧和愉悦总伴随着心跳加速、呼吸加快、过量出汗和皮肤泛红。

巴贝兹环路

额叶

扣带回　　　　　　　　　丘脑

脑前方

双乳体

脑后方

海马脑回：
进入巴贝兹
环路的入口

扁桃核结构：
进入感情记忆
环路的入口

颞叶

➡ 巴贝兹环路结构之间的连接
⇦ 感觉进入海马脑回

大脑半球内层部分有 4 个相互连接着的巴贝兹环路，这些环路用于对新信息的学习。

对新信息的学习

巴贝兹环路的入口是海马脑回。信息从海马脑回出发，通过双乳体和丘脑（这两个大脑区域使得信息得以长时间保存），当经过额叶内层的扣带回时，会与已经存储的其他信息进行比较。扣带回扮演着一个重要的角色，我们越是对一条信息感兴趣就越容易记住。最后，被处理过的信息重新回到海马脑回被巩固。

巴贝兹环路能为同一事物的不同组成要素编码：视觉的、听觉的、嗅觉的以及地点和时间，并在其中加入感情特征。神经元网络将所有要素之间的连接轨迹分别储存在不同的大脑区域中，于是记忆被"分散"了。巴贝兹环路不是用于信息的最后储存，也不干涉短期记忆和程序性记忆，所以，海马脑回或巴贝兹环路的损坏将只会影响到陈述性记忆。

感觉信息与巴贝兹环路

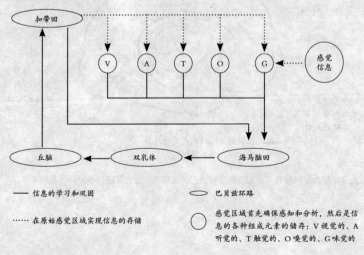

—— 信息的学习和巩固

⋯⋯ 在原始感觉区域实现信息的存储

⬭ 巴贝兹环路

◯ 感觉区域首先确保感知和分析，然后是信息的各种组成元素的储存：V 视觉的、A 听觉的、T 触觉的、O 嗅觉的、G 味觉的

感觉信息的各种组成元素通过巴贝兹环路被记住，循序渐进的巩固程序将强化各个元素之间的连接。

对信息的巩固

可以通过新的学习或者简单的重复来巩固已被储存的信息，例如为了记住一首诗而反复背诵。在连续重复时巴贝兹环路扮演着重要角色，颞叶会逐渐加强分布在大脑中的不同元素之间的联系。

记忆的细胞机理

神经系统是由几十亿个功能不同的神经元构成的。感觉器官的神经元把来自周围神经系统的信息（视觉、听觉、味觉、嗅觉、触觉）传递到大脑，而运动神经元把它们传向相反的方向以控制肌肉。大脑本身也是一个复杂的神经元网络，用于整合感觉信息，并决定做出何种回应。

为了弄清楚记忆所依赖的生理和生物化学机理，首先必须了解单个神经元是如何传递信息的，以及与其他神经元是如何接合的。

神经元和突触

神经元是一种特殊的细胞，能够更新、传递和接收电脉冲，或者更确切地说是生物电，因为这种电现象产生于活的生命体。电脉冲（称为动作电位或者神经冲动）先在一个神经元内部传递，然后

神经元的结构

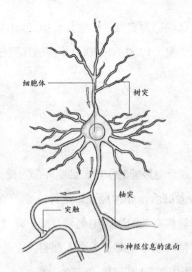

细胞体

树突

轴突

突触

⇒神经信息的流向

神经元是一种非常特殊的细胞，专门负责神经信息的传递。

在构成整个神经系统的网络中传递，某些神经纤维每秒能够传输 150 米。

　　神经元细胞体包括细胞核、树突和轴突。轴突是一个单一的延长部分，长度从 1 毫米到 1 米不等，在末端都形成球状。动作电位通过轴突被传递到位于另一个神经元表面的接收器上，连接两个神

突触的结构

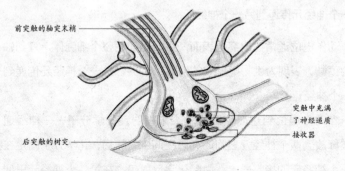

前突触的轴突末梢

突触中充满了神经递质

接收器

后突触的树突

借助特殊的化学分子——神经递质，突触得以保证神经信息从一个神经元传递到另一个神经元。

经元的"接合"区域称为突触，根据其承担功能的不同，每个神经元与其他的神经元通过 1000—100000 个突触连接在一起。

信息如何传递

细胞膜起着划分电势能的作用，细胞外部为正，细胞内部为负。有些细胞称为应激细胞，如神经元，这种细胞能够产生动作电位，一种和正负电极转换有关的生物电刺激。在千分之几秒内，大量汇集在细胞膜上的钠离子（正离子）进入细胞内，迅速改变细胞内外的极性，使得细胞内部变成正极，外部为负极。

为信息编码

动作电位差约为 100 毫伏，它们的频率随着需要传输的信息的变化而变化，刺激越强烈频率就越紧凑。动作电位就像一种简易的莫尔斯代码，由简单的符号与停顿组成，或像只使用 0 和 1 的计算机二进制语言。

从一个神经元传递到另一个神经元

动作电位通常在树突的表面产生，延伸到整个细胞体，直到轴突的顶端，表现为生物电形式的信息通过突触从一个神经元传递到另一个神经元。

当动作电位到达前突触的轴突末梢时，化学分子——神经递质被释放到两个神经元之间的突触空间中。随后，化学分子固定在后一个神经元的接收器上，引起化学反射串，在第二个神经元里促发动作电位（激发突触传递），或反之，阻止动作电位（抑制突触传递）。

同一个突触可以释放不同类型的神经递质，至今已发现 100 多种，如谷氨酸、γ - 氨基酸和乙酰胆碱都出现在与记忆相关的大脑活动中。

记忆的细胞机理

一个人在出生时拥有约 400 亿个神经元，它们之间通过众多突触相互连接，特别是在大脑中。神经元网络随着生命的进程而改变，一些连接将被巩固（例如通过学习），另一些则被消除。这就是我们所说的神经元和大脑的"可塑性"。

然而，人类神经系统如此复杂，以至于无法研究记忆的细胞机理。目前，关于这个领域的大部分研究，均来自对无脊椎动物或者某些哺乳动物的最简单的神经系统的研究。

习惯化和敏感化

某些海洋蛞蝓的神经系统是最常被研究的对象之一，它由分布在 10 个神经节上的 20000 个神经元组成。这些神经元直径可达 1 毫米，对其染色有助于对它们的分辨、操作和观察。

当我们碰触蛞蝓位于腮下的排泄口时，它会紧缩，同时腮片也会缩到外壳里。如果不断重复这个生理刺激，排泄口的收缩程度会随着时间减弱（习惯化），腮片也越来越放松。在我们自己身上做类似的实验会出现什么现象呢？电话铃声先会让我们吓一跳，之后，我们对电话铃声的反应越来越弱。在另一个实验中，我们在触碰蛞蝓的排泄口时，如果同时用弱电点触它的尾部，它的运动反应会加强（敏感化）。

长期协同增效作用

在蛞蝓身上观察到的反应从几分钟持续到几小时，甚至在停了几天之后再进行刺激时，又能够持续几个星期。在显微镜下可以看到，神经递质的自由度在神经元接合的突触上被潜在作用增强了，同时发生生物电的变化，这从本质上影响到神经元的应激性。我们称这一效应为长期协同增效（或抑制）作用，"长期"的定义与神经元应激性的持续时间有关，而与记忆形式无关。

比方说在敏感化作用中，两个优先结合的神经元被同时刺激，后突触的神经元会增强其应激性（协同增效作用），或恰恰相反，造成应激性减弱（协同抑制作用）。

在哺乳动物的某些大脑区域也观察到了类似的现象，特别是在海马脑回和小脑中。而海马脑回直接作用于记忆，小脑则影响运动功能。

短期记忆：生物电的改变

生物电的改变是构建短期记忆的基础，这一现象能从一个更微

短期记忆的细胞机理

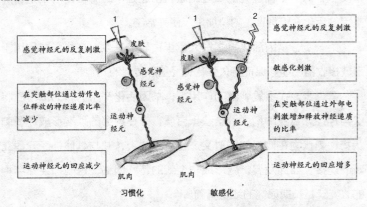

感觉神经元的反复刺激

敏感化刺激

在突触部位通过外部电刺激增加释放神经递质的比率

运动神经元的回应增多

皮肤

感觉神经元

运动神经元

肌肉

感觉神经元的反复刺激

在突触部位通过动作电位释放的神经递质比率减少

运动神经元的回应减少

习惯化

敏感化

对无脊椎动物（如海洋蛞蝓）的研究证明，有两种类型的适应：习惯化，由感觉神经元的重复刺激引发；敏感化，由在对感觉神经元刺激时连接外部电刺激引发。

观的层面上找到解释：分子说。

在习惯化的实验中，我们观察到神经递质释放的比率随着时间的推移而减少；而在敏感化实验中，这个比率会增加。记忆被解释为，通过突触的包含神经递质的突触小泡的数量的变化，这种变化直接与细胞间钠的变化有关。像长期协同增效作用这样的生物程序是极其复杂的，研究人员已发现了几十种在这些程序中作为媒介或调节者的分子，如接收器 AMPA 和 NMDA、蛋白质 G、蛋白酶等。

长期记忆：神经元结构的改变

如果生物电的改变能够作用于短期记忆，那么如何能够"决定性"地储存记忆呢？又如何在神经元上加固记忆呢？对于长期记忆，仅仅是生物电临时的和可逆的改变是不够的，是基因发挥了作用。

事实上，对一个神经元的重复刺激将引起处于细胞核内的某些特殊基因的活化，于是真正的"加工"便开始了。

第一步，基因活化将引发大量蛋白质的产生，这些蛋白质用于形成接收器和能够保证持久强化神经信息传递的元素。

第二步，在重复刺激的作用下，基因活化产生的新的蛋白质将参与神经元自身的增生。这些蛋白质首先在树突的顶端形成许多刺状物，刺状物在伸长的同时又产生新的树突，并与其他神经元建立新的连接。如此发展，就形成一个新的特殊网络，这些神经元结构的改变就是长期记忆的细胞基础。

从巴甫洛夫的狗到大象的记忆

今天，生物学家甚至在最初级的生物体上，比如海绵，都发现了一种记忆，即记录环境的改变。而高等脊椎动物利用记忆的能力，有时候可以与人相比。每天与动物打交道的人，比如狗或者猫的主人，常遇到这类的范例。100多年来，科学家对动物记忆的探索取得了巨大的进步。

令人惊讶的实验

俄国生理学家伊万·巴甫洛夫（1849—1936）曾做过一个著名的实验，他还因此获得了1904年的诺贝尔奖。实验证实了狗能对刺激做出反应：如果在喂食时摇铃，那么几次实验之后，只要铃声响起，狗就会流口水。如今，就我们看来，这个实验既平常又没什么价值。

只懂得"学舌"的鹦鹉

现今最会说话的鸟是加蓬一只名叫亚历克斯的灰鹦鹉，它能够复述所学的所有词汇。20多年来，它不仅记住了50多种物体的名字，还学会了辨别类属，比如形状和颜色。如果向亚历克斯展示两个用木头做的三角形，一个绿色一个蓝色，当问它两者的相似之处时，它会回答说"形状"，然后补充说"材料"。

专为海狮设计的实验

为了证明海狮能在记忆中长时间保存较少见到的猎物的图像，加利福尼亚大学的两个生物学家用了十几年的时间训练并测试了一头名叫瑞欧的母海狮。在1991年期间，研究人员先让瑞欧学习一些符号、字母和数字，然后让它从众多的卡片中辨认出所学的东西，每一次辨认成功就给它一条鱼作为奖赏。随着时间的推进，学习内容也不断增加。10年后测试时，研究人员向它展示了以前从来没有见过的符号、字母和数字，然而它竟然能将新的元素分辨出来。对这种令人惊讶的记忆能力，生物学家解释为，海狮在每个季节都会遇到种类繁多的猎物，它们都能够认出来。

自然界中动物的记忆

动物生态学的研究人员对自然界中动物行为的研究，不仅局限于孤立的个体，他们同时也研究了动物间传递知识的可能性及其方式。

灵长类动物的特殊能力

黑猩猩比较有团队精神，群居数量可达到 100 多只。这些"社会"或者"社区"在生产某些工具方面可以实现专业化，例如，一些黑猩猩专门使用某种形状的树枝捕捉白蚁，而另一些黑猩猩则专长于捕捉黑蚁。我们在一个"社区"观察到，一些黑猩猩借助石头或者木块来砸核桃，而其他"社区"里的黑猩猩却没有掌握这种技巧。20 世纪 70 年代，动物生态学家发现日本一种猕猴懂得用海水清洗块茎里的沙子以改善块茎的味道。经过反复的观察，研究者还发现了黑猩猩对药用植物的使用情况。一只母黑猩猩在腹泻时吃了一种含有抗生素的合欢树的树皮，而这之前黑猩猩群里的其他成员并不知道这种植物的功用。但不久之后，合欢树的这种功用便在群体里被记住并传播开来。

"从母亲到子女"：大象和鲸

对于大象和鲸，知识是通过"从母亲到子女"的方式进行传递的。一个家庭中，老年雌象教导年幼的象了解地理知识，即迁徙过程中的安全区域和危险区域。同样，年长的雌鲸能够记住那些"有危险"的船只，并告诉小鲸鱼毫无恐惧地去接近那些安全的航船。

研究人员推测，大象家族能够在 100 多年的时间内都带着"集体记忆"，从雌象的成熟，直到它们最小的孩子死去。对于幼象来说，年长的雌象就是一部在它们的生存环境中求生的百科全书，除非一个猎人过早地结束了这个传递之源。

借助游戏训练狗

　　狗一直有种作为人类的伙伴的天赋，通过人类的选择，这种天赋能得到更好的发展。英国的驯狗师通过一系列的训练来调教他们的伙伴，当收到"蹲下"或"睡觉"的命令时，狗便会卧下来并保持不动。接受过特殊训练的狗对人类有很大的贡献，雪崩救人、清除碎瓦、寻找毒品或炸弹、帮助残疾人、表演杂技等。为了获得良好的效果，驯狗师需要不断地激励自己的伙伴，使它们乖巧地服从命令，通常借助游戏和奖励能达到这个效果。对被训练的狗来说，仅服从命令还不够，讨主人欢心也是必不可少的。

医学影像技术

毫无争议，大脑是医学家与运用医学图像的科学家酷爱的研究对象。甚至有这么一个专业——神经图像学。无论是功能的还是形态的，为了诊治或者为了基础研究，新的技术给我们提供了越来越精确的图像，进一步推动了对记忆的研究。

形态成像技术

形态成像技术能确保我们更好地认识大脑的构造，尤其是能给活人进行检查，这显著改进了神经学疾病的识别诊断，比如确诊肿瘤或脑血管意外。与功能图像不同，形态成像技术提供的是"静态"图像，即和大脑特殊活动无关。

X射线断层扫描（CT机）

X射线断层扫描提供的是被检器官的精细水平剖面图，能清晰地分辨那些在传统X光片上看不见的或容易同其他器官混淆的人体器官。CT成像技术依靠的是X射线的放射性（使用不会对人体造成危害），电脑以数字图像的形式显示通过人体的X射线数据，不同的人体组织吸收X射线的量不同。脑CT能清楚地显示脑血管的畸形（动脉血管瘤）、脑血管损伤（脑出血、脑梗死）、肿块、肿瘤、严重创伤引起的脑损伤、与神经元缺失相关的脑萎缩等。这种技术能把受损伤的大脑的图像同记忆测试结果联系起来，帮助我们对记忆发生的位置有了更多的了解。

磁共振图像（IRM）

通过磁共振得到的图像要比扫描得到的更精确，特别是在某些区域（比如脊髓）或者在某些感染性疾病的情况下。CT扫描只能得到横切面图像（与人体主轴垂直），通过磁共振则可以得到竖切面和斜切面图像。

在进行IRM检查时，身体进入一个强大的磁场，人体组织中所有水分子中的质子都朝向同一方向。当磁场中止时，质子又回到原来的位置，同时放射出反映机体组织密度的特殊电磁波。

功能成像技术

最新的功能成像技术使我们对人体组织解剖和大脑"正常"运

转的理解发生了巨大的改变。这一技术使我们更重视某些脑部疾病患者的大脑的整体运作，也使得与大脑（特别是那些健康人的）精细运转相关的区域显现出来。在后一种情况下，获得的图像质量出奇地好。当被检测者在大脑中搜索词语或文化信息时，读文章或听音乐时，对面孔或工具进行指名时……功能图像显示大脑的不同区域在"发亮"。这一技术在基础研究中被大量应用，同时也改进了对某些神经疾病的诊断。

单光电子发射体成像（SPECT）

SPECT（源自英文的缩写词 Single Photon Emission Computed Tomography），即在人体组织中植入无防御性放射物质，然后通过一个特殊的照相机探测其放射线，再用电脑处理所获的信息，得出被探测器官的切面图像。SPECT 能够显示出在感染期间，如精神错乱或者血管意外时，脑功能的异常。

正电子 X 射线断层成像（TEP）

法国有 3 个研究中心应用 TEP（或者 PET，源自英文缩写 Position Emission Tomography）技术对人体的不同器官（心脏、肝、肺等）进行了非常精确的生理学研究，特别是大脑。该技术对神经递质以及大脑活化机理的认识取得了极大进展。

通过释放正电子得到的断层图像，除了对基础研究的许多领域具有重要意义外，也是诊断癫痫、帕金森病和阿尔茨海默病的一个强有力的方法。TEP 基于的是与正电子相关的射线的探测，正电子是种比电子轻的基本粒子，但带的是正电。由放射性物质发出的正电子融入具有特殊生物化学性质的分子中后，借助正电子照相机我们可以观察到分子在机体内的分布，同时通过电脑可以重组大脑的截面影像。TEP 特别适用于观察一些生理现象，比如血液的流量、人体组织中水或氧的分布、蛋白质的合成等。它能揭示在执行记忆任务时血液流量和大脑中化学物质的变化，帮助科学家们获悉在记忆研究时大脑中的化学系统与身体结构是如何相互作用的。

功能磁共振图像（IRMf）

功能磁共振图像技术被用于探测某一器官在一段时间内血液分布的变化，这一测试能反映在活动增加的情况下人体组织耗氧量的变化。将功能磁共振图像与休息状态得到的图像比较，可以研究某一器官在特定功能中的作用。比如让我们真切地"看到"记忆在实际情况下的活动。

L'IRMf 主要用于分辨负责不同功能的大脑区域，比如视觉、听觉、记忆或者语言。被检查者在进行某些精确的脑力任务时，我们可以观察到活跃着的大脑区域。作为对传统医学成像技术的补充，L'IRMf 能协助医生做那些非常接近脑部十字区域受损的大脑外科手术。

第二章

评估你的记忆能力

记忆力好不好的标准是什么

衡量一个人记忆力是否良好，有一定的标准。这个标准就构成了记忆的品质，记忆品质良好的记忆应该具备质与量的保证。记忆的品质主要分为记忆的敏捷性、正确性、持久性和准备性。只有同时具备这四个品质的记忆，才是良好的记忆。

记忆的敏捷性

记忆的敏捷性是指一个人在识记材料时的速度，敏捷性主要表现在较短的时间内记住较多的东西。不同的人的记忆敏捷性存在很大的个体差异，记忆东西的时候，有的人可以做到过目不忘，有的人则需要很长时间才能记住。另外，记忆的敏捷性还和人的暂时神经联系形成的速度有关：暂时联系形成得快，记忆就敏捷；暂时联系形成得慢，记忆就迟钝。当然，衡量记忆的好坏不能仅仅凭敏捷性这一个品质，必须把敏捷性与其他的品质结合起来分析才有意义。

记忆的正确性

记忆的正确性是指对记忆的内容从识记、保持、提取到再现都准确无误，记忆的这一品质与暂时神经联系形成的正确程度有关。暂时神经联系越正确，记忆的准确性就越大。暂时神经联系越不正确，记忆的准确性就越差。如果一个人的记忆没有以正确性为前提，那么他在学习上所做的一切努力都将没有意义。为了保证记忆的正确性，必须在第一次记忆的时候，就要保证记忆的正确性。否则，以后就要花费很多时间去纠正这个错误。记忆的正确性是记忆最重要的品质，如果没有这一品质，其他品质就没有存在的意义。

记忆的持久性

记忆的持久性是指记忆内容保持时间的长短。能够把知识经验长期地保留在头脑中，甚至终生不忘，这就是记忆持久性最好的表现。记忆的这一品质，与大脑的暂时神经联系的牢固性有关。暂时神经联系形成得越牢固，记忆就会越长久。暂时神经联系形成得越不牢固，记忆就会越短暂。记忆的持久性一般要从瞬时记忆开始到短期记忆再到长期记忆的发展过程。

例如，背一首诗，念了几遍以后，大致可以背下来，这是知识的瞬时记忆。当慢慢地背下来以后，知道这首诗里面讲的是什么内容，并把每一句的意思都分析明白，使记忆进一步加深，这就形成了短期记忆，这时已经具备了持久性。之后，反复巩固复习，在闲暇时候想起来就会背一遍，长此以往，就算过很长时间，也会记得这首诗，这样就形成了真正的持久性。

在记忆的持久性方面，每个人都不尽相同，有的人能把识记的东西长久地保持在头脑中，有的人则会很快地把识记的东西忘掉。有的人记得很快，保持的时间也相对比较长。有的人记得快，可是保持的时间短。在学习中，有了记忆的持久性，才会形成牢固的知识，记忆的持久性是记忆良好的一个重要的条件。

记忆的准备性

记忆的准备性是指能够根据自己的需要，对保持内容从记忆中迅速提取、灵活、准确应用的特征。记忆的这一品质，与大脑皮层神经过程的灵活性有关，由兴奋转入抑制或由抑制转入兴奋都比较容易、比较灵活，记忆的准备性的水平就高；反之，记忆的准备性的水平就低。在准备性方面，有的人能得心应手，随时提取知识加以应用。有的人虽然有丰富的知识，但是不能根据需要去随意提取应用，这就是缺乏记忆准备性的表现。

有了记忆的准备性，才会有智慧的灵活性，才能有随机应变的本领和能力。记忆的这一品质是上述三种品质的综合体现，而上述三种品质只有与记忆的准备性结合起来评价才有价值。因此，记忆的这四种品质是相互依存、缺一不可的关系。一个人记忆力的好坏，不能只看记忆的其中一个品质，必须要综合这四个品质去综合评价、综合考查。

如果想提高记忆，就要对自己的记忆品质做一个科学的检查，这样就知道自己的记忆处于一个什么样的水平，方便自己寻找合适的记忆方法。不要太担心测试的结果，大多数人在一开始测试的时候分数都很低，掌握一定的记忆方法后就能得到近乎完美的高分。

测测你自己的记忆力

测量记忆的方法有很多种，以下只列举出四种最基本、最常用的方法，即回忆法、再认法、节省法和重建法。

回忆法

回忆法又称再现法，就是曾经识记过的某种材料，经过一段时间，让被试把所识记过的材料复述出来或以书面的形式写出来。然后把回忆结果与原材料进行比较，就可以推测出保持量的大小。如，考试时的问答题和填空题，就是用回忆法来测量对知识的保持量。此法还可以测量短时记忆。如，一个人说完一个电话号码，立刻就由另一个去复述，这就可以测出短时记忆的保持量。保持量的计算方法是以正确回忆的项目的百分数为指标来计算的，算式如下：

$$保持量 = \frac{正确回忆的测量项目}{原来识记的测量项目} \times 100\%$$

例如，我们一次记住了 60 个英语单词，一个星期后能正确回忆出 30 个，那么代入公式：

$$保持量 = \frac{30}{60} \times 100\% = 50\%$$

这样就知道记住的单词量为 50%。

在具体运用上，回忆法可分为自由回忆和线索回忆两种。前者是对被试所要回忆的材料不给任何提示，只要求被试把识记过的材料说出来或写出来，后者是向被试提示一部分识记过的材料，然后被试以此为凭据，回忆出其余的材料。

再认法

再认法就是把识记过的材料和没有识记过的材料混在一起，要求被试把识记过的材料和没有识记过的材料区分开。一般情况下没有识记过的新项目和识记过的旧项目数量相等，然后向被试一一呈现，由被试报告每个项目是否识记过。计算公式为：

$$保持量 = \frac{认对数 - 认错数}{呈现材料的总数} \times 100\%$$

例如，一共有 60 道题，答对了 45 道题，那么代入公式：

$$保持量 = \frac{45-15}{60} \times 100\% = 50\%$$

这样得出正确保持量为 50%。

再认法和回忆法的保持量不同，再认法的保持量优于回忆法的保持量。这是由于完成水平的不同。这种不同主要表现在推测率的不同、依据信息的不同和操作过程的不同。

例如,让你回忆《水浒传》中一百单八将中绰号为"病关索"的姓名,恐怕你回答不出来。这样,在回忆测验中你的记忆成绩为0。但是,对于这一信息的再认测验,情况便不同了。例如,给出下列选择题:《水浒传》一百单八将中绰号为病关索的姓名是:A. 杨雄;B. 杨虎。这里,推测的正确率至少是50%。显然再认比回忆要容易。这就是推测率的不同。

依据的信息不同,要实现回忆,必须或多或少记住有关刺激的"整体"信息。

例如,要记住"病关索杨雄",只了解他是《水浒传》一百单八将之一还不够,还必须了解杨雄的为人,他在梁山泊中的作用,他的绰号的来历、意思等,即掌握整体信息。而再认则不同,只要有能够辨别目标刺激(即以前学过的待再认的刺激)和干扰刺激的信息就可以了。例如,上例中只要知道《水浒传》一百单八将中没有一个叫杨虎的,那就可以确定"病关索"一定是"杨雄"了。

回忆和再认的操作过程不同。回忆某个信息时必须在识记中进行搜索,然后再对信息加以确认。再认某个信息则不同,目标信息是直接呈现给被试,不用在记忆中搜索。因此,再认的成绩就优于回忆的成绩。

节省法

节省法又叫再学法,是要求被试在学习一种材料之后,经过一段时间再以同样的程序重新学习这一材料，以达到原先学习的程度为准。被试把原来熟记的材料不能准确无误地回忆出来时，就要重新学习原来识记过的材料。用原先学习所需要的时间（或次数），减去重新学习时所需要的时间（或次数），两者的差数就是重新学习时节省的数量，这个指标就是节省法测得的记忆保持量。其计算公式是：

$$保持量 = \frac{初学的次数或时间 - 再学的次数或时间}{初学的次数和时间} \times 100\%$$

例如，背乘法口诀，第一次背 10 次就记住了，过了半个月，忘记了一部分。第二次重新背诵，这回可能只需要 6 次就达到以前的水平，比以前少背 4 次。代入公式：

$$保持量 = \frac{10-6}{10} \times 100\% = 40\%$$

即保持量为 40%，重学比初学节省了 40%。

重建法

重建法就是要求被试再现学习过的刺激次序。具体做法是，给被试按一定顺序呈现排列的若干刺激，呈现后把这些刺激打乱，放到被试面前并让其按原来次序重新建立起来。该方法除了适用于记忆文字材料外，还适用于记忆形状、颜色或其他非文字材料。

由于记忆不是以全或无的形式存在的，我们对某人或某事的记忆可能已不清楚了，但也没有完全遗忘，因而就需要用一些方法来测量记忆的保持量。

你对待生活的大体方式

进行自我评估

本问卷由 20 个问题组成。请仔细阅读每个问题及其选项，然后选出最适合的答案。

⊙你认为自己是一个有条理性的人吗？

1. 完全不是   2. 有一定的条理   3. 非常有条理

⊙在你参加一个会议时，下列哪个答案最能说明你的状态？

1. 发现自己思绪漂移出去，想着其他事情

2. 只要主题有趣，就能很好地摄入信息

3. 总是能随时集中精神并记得住

⊙你乱放钥匙吗？

1. 经常会   2. 有时会   3. 从不

⊙你有时间安排表吗?

1. 没有　　2. 试过，但发现难以随时更新　　3. 有

⊙你是否每星期不止一次感到有些晕晕乎乎?

1. 是的　　2. 有时　　3. 没有

⊙你是否发现一直有太多的事情要做?

1. 是的，我不太擅长于熟练掌握事情

2. 我有时不得不加班加点以跟上进度

3. 不会，我基本上能掌控局势

⊙你是否感到难以记住密码?

1. 是的，我很难记住这些东西

2. 我偶尔会在想它们时碰上些问题——因为我对不同的东西设
的密码不同

3. 不会，我用的密码不仅熟悉而且易记

⊙你是否有过走进一个房间却忘了为什么走进去的时候?

1. 经常　　2. 有时　　3. 从未有过

⊙你是否吃大量的新鲜蔬菜和水果?

1. 不　　2. 尽量　　3. 是的

⊙你能记得给人们发生日贺卡吗?

1. 不能，我记不住日子，所以不知道什么时候该送

2. 只记得同我关系密切的人

3. 是的，我有生日的清单

⊙你是否容易分心?

1. 是的，我难以让自己长时间地把注意力集中在某件事情上

2. 有时

3. 从不

⊙你认为新信息好记吗？

1. 不　　2. 如果听得仔细的话　　3. 是的

⊙你是否让你的思维保持活跃？

1. 并不完全如此　　2. 尽量　　3. 是的

⊙你是否乱涂乱画？

1. 经常　　2. 有时　　3. 从不

⊙你的家庭开支是否有条理？

1. 没有

2. 有一定的条理

3. 是的，我先会以一定的次序将它们排列，所以总能按时开支

⊙你多久做一次身体锻炼？

1. 从不，我讨厌做身体锻炼　　2. 有时　　3. 至少一周两次

⊙你丢过东西吗？

1. 经常　　2. 有时　　3. 从未

⊙当有人给你介绍新朋友时，你是否能记住他/她的名字？

1. 几乎不能　　2. 有时能　　3. 每次都能

⊙你有没有做过白日梦？

1. 经常　　2. 有时　　3. 几乎从未

⊙你是否经常会为某些事情紧张？

1. 经常　　2. 有时　　3. 几乎从未

把你所选答案的序号加起来（序号即代表得分），看看你属于哪一类记忆个性。

得分

20—30分：最佳化程度差

你也许精神不太集中，感到自己的记忆力不是很好。你可能条理性较差。你似乎不太积极利用记忆策略或如列清单之类的帮助记忆的工具。你的生活方式可能也不是特别健康。

如果你属于这种个性类型，就要多下功夫学习提高注意力以及使用记忆策略，从而提高自己的日常记忆功能。专心致志是摄入信息并将其存储起来的基础。记忆策略或记忆帮助工具能帮助你更好地存储记忆信息。你可能还需要考虑改善你的生活习惯，因为健康对你的记忆力会产生很大的影响。

31—45分：最佳化程度中

你的生活也许安排得还可以，但还可以有更好的记忆力。你也许相当有条理，但还有提升的空间。你试过以一种健康的生活方式生活，但并不十分成功——因为你感到自己太忙了。

你应变得更有条理，学会更有效地利用记忆策略，并学习新的策略，会极大地改善你的记忆和注意力。生活方式的改进也应该成为你总体提升计划的一部分。

46—60分：最佳化程度好

你的记忆力可能已经不错并能有效地利用记忆策略。你可能也正努力以一种健康的生活方式生活。因此，紧张程度相对较低。

提升的空间仍然存在——如果你对记忆是如何运作了解得更多并学习了新的策略，你就可以进一步强化自己的记忆。

第四节

评估你的临时记忆

第1部分：评估你的数字记忆能力

叫一个朋友读出如下次序的数字，你的任务是以同样的次序复述这些数字。试试看你做得怎么样。

18　13　71　43　7　58　2　9　6　5　4　16　25　34　9
5　19　20

得分

少于5个：差；5—9个：中等；多于9个：好。

第2部分：评估语言记忆的能力

看一下下列词汇并试着记住它们——不要把这些词汇写下来。

你有 1 分钟的时间。

木偶　火车　上衣　毯子　汽车　足球　椅子　裤子　桌子

摩托车　谜语　沙发　帽子　玻璃球　直升机　袜子

现在把这些词语遮住，然后尽可能多地把这些词语写出来。

得分

少于 5 个：差；5—9 个：中等；多于 9 个：好。

你注意到这些词有什么特殊规律了吗？如果没有，再看一次。如果你看得仔细，你将会发现这些词可以被分成 5 个主要类别（玩具、交通工具、家具、服装）。增强记忆最简捷的方法之一是将有关项目按类别组合。这能降低记忆的负荷，从而使记忆更加容易。

第 3 部分：记故事

阅读以下段落。不要记笔记，但在手边准备好纸和笔以备后用。

罗先生正走在去一家超市的路上，他要买早餐、一瓶啤酒、两斤鸡蛋以及一些甜品。当他沿着人行道往回走时，看见一位女士被一块石头绊了一下，摔倒在地，撞到了头。他赶紧跑过去看她是否需要帮助，并看到她头上的伤口正在流血。他奔向附近最近的房子，敲开了门，告诉开门的女子发生了什么事情，并请她打电话叫人帮忙。15 分钟后，来了一辆救护车，把受伤的女士送进了医院。

现在，把这个段落盖起来，然后根据记忆尽可能地（尽可能按照原来的词句）写出这个故事。

得分

你能回忆起多少条信息？

少于 15：差；16—25：中等；超过 25：好。

大多数人肯定能记住故事梗概，而且可能还能记住一些细节，然而要一字不差地写出这样一个故事则是一件很困难的事情。

我们大多数人在阅读书报时往往只记住大概意思而不是逐字逐句地通篇记忆。这是因为，虽然词句是重要的，但我们的记忆幅度是有限的；所以词句就成了故事的"路径"，因而我们记住的只是大概的意思。重要的是，词句所传递的是内容而不是词句本身。人类的记忆也更善于记住值得记忆的片段或那些同我们个人有牵连的东西。

第 4 部分：识别记忆

看一下下面的这些词汇并记下哪些在前面的练习中出现过。不要翻回去看，你能认出哪些词语自己在前面看见过吗？

木偶 足球 垃圾箱 熨斗 汽车 帽子 轻型摩托车 火车 摩托车 房子 上衣 直升机 毯子 沙发 谜语 窗户

得分

翻回去对照一下，并计算你的得分。

认出少于 9 个：差；9 个：中等；10 个以上：好。

评估你的长期记忆

第1部分：经历性记忆

这一类型的记忆往往有不同的种类。

试试看回答以下问题：

1. 你的祖母叫什么名字？

2. 你出生的地方是哪儿？

3. 你第一个喜爱的玩具是什么？

4. 你小时候最喜欢吃什么？

5. 你小学时的绰号叫什么？

6. 你的祖父是怎样维持生计的？

7. 形容你祖父的外貌。

8. 想一件你5岁前收到的礼物。

9. 想象一下你成长的房子，第一扇门是什么颜色？

10. 你小时候的邻居是谁？

11. 你能回忆起上小学第一天的情景吗？你穿什么衣服？

12. 你的第一位老师是谁？

13. 你小时候做得最顽皮的一件事是什么？

14. 你最早的记忆是什么？

15. 你 11 岁时的同桌是谁？

16. 哪位老师你非常不喜欢？

17. 你能否记起在学校用心学过的文章？

18. 第一个让你心动的人是谁？

19. 你第一个约会的人是谁？

20. 第一个伤你心的人是谁？

21. 11 岁时，谁是你最好的朋友？

22. 你记忆最深的第一个假期是什么？

23. 你记忆中最早的节日是什么？

24. 描绘一件你喜欢的玩具。

25. 你什么时候学的自行车？

26. 谁教会你游泳的？

27. 你第一个真正的朋友是谁？

28. 你童年最喜欢的游戏是什么？

29. 你 5 岁时最喜爱的电视节目是什么？

30. 你的第一个纪录是什么？

31. 你在小学时最喜爱的体育运动是什么？

32. 你对较早之前的往事有没有一个深刻的记忆？

33. 有没有一种特殊的气味能使你生动地想起往事？

34. 你的第一只宠物叫什么名字？

35. 你给喜爱的玩具起了多少名字？

36. 你能不能详细地记起 11 岁前的考试片段？

37. 你 5 岁前最喜爱的歌曲是什么？

38. 你 11 岁之前是否有自己的朋友圈？列举两位朋友。

39. 你能否记得小时候幸运避免的一些事情？

40. 你童年时生的最严重的一场病是什么？

41. 你一生中最美好的回忆是什么？

42. 你有没有童年的挚友，阔别已久后再次见面？

43. 你是否记得高中学的一些数学公式？

44. 相对于最近发生的事，你是否更容易记得往事？

45. 你能否记得当你闻讯北京申奥成功时，你身处何地？

得分

30 项以下＝差；30 项＝中等；超过 30 项＝好。

大多数人在这个测试中都完成得很好，基本上能回答 30 多道题。一旦你开始回答这些问题，你就会促使自己回想更多的往事。这种回忆的感觉会持续很久。也许它还能促使你拿出一些旧照片或纪念品怀念，给老朋友打电话，或者找寻失去联系的朋友。一旦你的永久记忆受到激发，它将发挥巨大的功能。你会惊叹于你能回忆的所有细枝末节。

你可能会发现以上有些事情比其他的更容易记得。如果当时有重要事件发生或该事件对你有着不同寻常的意义，那么记起自己当时在哪儿或在干什么就容易得多。这是因为，我们没有必要记住我们生活中的每一个时刻。我们的记忆会自动地对信息进行筛选，于是我们就会忘记我们所没有必要知道的东西。

第2部分：语义性记忆

你的常识怎么样？语义性记忆是我们自己对事实的个人记忆。
试试看回答以下问题，并看一下你的知识怎么样。

1. 葡萄牙的首都是哪里？

2.《仲夏夜之梦》的作者是谁？

3. 青霉素是谁发明的？

4. "大陆漂移说"是谁提出的？

5. 离太阳最近的第五颗行星是哪一颗？

6. 曼德拉是在哪一年被释放的？

7. 俄国革命在哪一年？

8. 一支足球队有多少名运动员？

9. 圭亚那位于哪个洲？

10. 在身体的哪个部位可以找到角膜？

11. 到达北极圈的第一位探险者是谁？

12.《物种起源》的作者是谁？

13. 与南美洲接壤的是哪两个大洋？

14. 比利时的首都是哪里？

15. 静海在什么地方？

16. 第一次世界大战的起始日期是什么？

17. 卷入水门事件丑闻的美国总统是哪一位？

18. 拿破仑最后被放逐到什么地方？

19. 色彩的三原色是什么颜色？

20.《热情似火》的女主角是谁？

得分

少于 10 个：差；11—15 个：中等；16—20 个：好。

答案

1. 里斯本　2. 莎士比亚　3. 弗莱明　4. 魏格纳　5. 木星

6. 1990 年　7. 1917 年　8. 11 名　9. 南美洲　10. 眼睛

11. 罗伯特·爱得温·派瑞　12. 达尔文　13. 太平洋和大西洋

14. 布鲁塞尔　15. 月球　16. 1914 年至 1918 年　17. 尼克松

18. 圣赫勒拿岛　19. 红、黄、蓝　20. 玛莉莲·梦露

我们的语义性知识会随着许多不同的因素而变化，例如你来自何方、你的年龄、兴趣以及其他。要扩展你在已经有所了解的方面的语义性知识是比较容易的，因为这些知识更有意义。

第六节

评估你的前瞻性记忆

我们大多数人过着繁忙的生活。以下哪件事情你会经常忘记？

⊙付账（或者是否已经付过账了）

1. 经常　　2. 有时　　3. 从不

⊙计划好的约会时间

1. 经常　　2. 有时　　3. 从不

⊙收看感兴趣的电视节目

1. 经常　　2. 有时　　3. 从不

⊙下一周的计划

1. 经常　　2. 有时　　3. 从不

⊙出去旅行前取消所订的报纸或杂志

1. 经常　　2. 有时　　3. 从不

⊙出行前从自动柜员机中取钱

1. 经常　　2. 有时　　3. 从不

⊙晚上睡觉前调好闹钟

1. 经常　　2. 有时　　3. 从不

⊙吃药

1. 经常　　2. 有时　　3. 从不

⊙给好朋友送生日卡

1. 经常　　2. 有时　　3. 从不

⊙回电话

1. 经常　　2. 有时　　3. 从不

得分

把你所选答案的序号加起来。

10—15：差；16—15：中等；26—30：好。

每个人都对不时会忘记做一些事情而感到内疚，而且这还令人非常沮丧。这种类型的记忆的好处是易于改善。只要稍微有点儿条理，再加上一些简单策略的帮助，就可以提高这方面的记忆。有时，生活似乎为许多小事所占据，有条理可以帮助清理你的思路，以便处理更为有趣的事情。

第七节

诠释你的强势和弱势

思维功能与记忆

　　由于记忆的复杂性和多面性，因此，重要的是要去了解其他有关的思维功能与记忆之间的关系以及它们为什么对记忆如此重要。虽然注意力集中是记忆的一个基本部分，但计划、组织以及有效的学习这些过程也是记忆的基本部分。通过这些技能帮助你提高记忆，然而，首先你必须保证你对自己的能力有了彻底的了解。

　　你的总体表现如何呢？

　　将下面这张表格填一下就一目了然了。

测试类型	差	中	好
总体表现			
数字记忆			
语言记忆			
形象 / 立体记忆			
视觉识别记忆			
记故事			
识别记忆			
经历性记忆			
语义性记忆			
前瞻性记忆			

对自己的记忆有个明确的认识

看一下你在各个不同练习中的得分情况，就会清晰地看出自己在哪些方面最强、哪些方面最弱。你的某些方面比其他方面强是很自然的，这是因为我们的记忆都有不同的强势和弱势。你可以做许多练习来进行改善，变得更有条理并使用不同的策略对你就有帮助。即使你在每个方面都得了高分，你的记忆仍然有可以提高的地方。

这种能力可以让我们识别是否知道或记得某事，因为我们知道自己的记忆中有这些信息。它还被称为后记忆。它帮助我们监控我们对信息的了解与否——记忆功能中让我们知道自己了解某事的哪个方面。完成以上的各项记忆测试将帮助你发现自己的强势和弱势，因而知道要集中注意哪些方面。你一旦开始对自己的强势和弱势有了足够的了解，就会知道它们如何在不同的情况下帮助影响和提高你的记忆。

记忆的剖析

当大脑在突触之间建立连接的时候，记忆就形成了。

传递信息的过程，从细胞体开始，从电到化学物质到电。

记忆可能是在 DNA 的姊妹分子——信使 RNA 中被编码的。

当信息通过突触时，mRNA 传递信息需要改变连接。

结果，突触的强度发生改变，提高了未来神经细胞活动的可能性。

记忆是在神经网络中，一定的突触活动模式的逐渐增加的可能性。

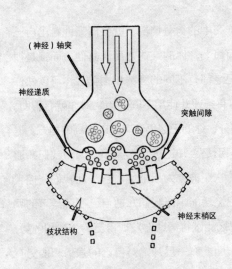

（神经）轴突

神经递质

突触间隙

枝状结构

神经末梢区

记忆的形成需要很多神经细胞的参与。

一起活动的神经细胞被绑在一起。

复杂的记忆是建立在神经网络中许多基本要素的相互联系基础之上的。

记忆不局限在大脑中某一特定区域。

外在的记忆更可塑，内在的记忆更稳定。

你适合哪种记忆方法

每个人都有自己偏好的记忆方法

我们有3种记忆方法——看、听和做。在这3种方法中，每个人都有自己偏好的一种，第二种就作为辅助方法，第三种方法使用起来可能会比较不舒服。一些人很幸运，他们能够同时对三种方法得心应手，也有一些人没那么幸运，他们不能使用其中一种或两种方法（比如，盲人就不能使用视觉这一方法）。

通过测试找到适合你的记忆方法

下面的测试就将告诉你，你比较适合哪种记忆方法。

⊙在课堂上，你可以用很多方法来学习。你偏好哪一种?

1.听老师讲

2. 从黑板上抄录笔记

3. 基于课堂上学到的知识，自己做一些练习

⊙看完电影之后，你对去看电影中的哪些事记得最清楚？

1. 电影中的对话

2. 电影的动作、情节

3. 你自己做的一些事：坐车到电影院、买票和食品

⊙你怎样学习修理漏气的自行车车胎？

1. 找一个朋友，让他描述如何修理车胎

2. 买成套的修理工具，自己阅读修理说明书

3. 自己摸索着怎么修理

⊙如果你想记住美国历届总统的名字，那么，你会：

1. 将名字都找个相关的事物来记

2. 看肖像记名字

3. 找一些关于他们的图片，然后贴上标签，放入相册

⊙如果你喜欢一首流行歌曲，你最喜欢干下面哪件事？

1. 学习歌词

2. 经常看歌曲录像

3. 试着模仿歌曲的舞蹈

⊙你从思维的角度看待东西的能力如何？

1. 很差　　2. 很好　　3. 相当好

⊙用手操作的练习，你做得如何？

1. 一般　　2. 很好　　3. 很差

⊙如果别人给你读了一则故事，你会：

1. 能够很详细地记录下来（一些片段还可以逐字记下）

2. 在脑中形成故事的一些片段

3. 很快就会忘记

⊙在你小的时候，你最喜欢做下面哪件事？

1. 阅读

2. 绘图和油画

3. 按形状分类游戏

⊙如果你搬到一个新的地方，你怎样去熟悉周围的交通路线？

1. 询问当地的人弄清方向

2. 买一张地图

3. 慢慢闲逛一直到你熟悉道路的分布

⊙下面你最擅长记住的是：

1. 别人告诉你的话

2. 看东西的方式

3. 自己做的事

⊙下面的哪个你能最形象地记住？

1. 在学校学到的诗歌

2. 母校的样子

3. 学习游泳的感觉

⊙当你做园艺的时候，你会：

1. 知道所有花草的名字

2. 记得植物的样子，但是会忘记它们的名字

3. 专注于浇水和修剪

⊙日常生活中，你会：

1. 每天都看报

2. 确保每天都看电视新闻

3. 不是每天阅读新闻，因为你有更实际的东西需要做

⊙想象一下，下面的哪项会让你觉得最悲痛？

1.受损的听力

2.受损的视力

3.受损的行动能力

答案

听力偏好者

如果你的答案"1"占大多数，那么，你偏好听力这一记忆方法。你喜欢听声音，特别是语言，你能很容易接收它们所传达的信息。相比其他的一些学习方法，你更倾向于记住或理解用耳朵听到的信息。

视觉偏好者

如果你的答案"2"占大多数，那么，你偏好视觉这一记忆方法。你对视觉感观能力最强，通过视觉能够抓住很多信息。相对于其他的方法，你用视觉的方法能更好地理解以及记住信息。

实践偏好者

如果你的答案"3"占大多数，那么，你偏好实践这一记忆方法。你能从实践中学到最多，你戴起手套做5分钟的实践演练胜过你坐在教室里花几个小时来听讲。你会发现，你不仅仅在一个类型的题目中有很好的答案。其实，很少有人只局限在一种记忆方法上。当然，你可以结合三种记忆方法，因为这样能大大提高记忆效率。如果你发现你很不习惯使用一种记忆方法（比如视觉），可能是你还没找出不能使用这一方法的问题所在。你应该做个视力检查或配一副眼镜，你会发现世界焕然一新。

第三章

记忆基础训练，让记忆更高效

第一节

改变命运的记忆术

记忆无时无刻不在与人们的生活、学习发生着紧密的联系。没有记忆，人就无法生存。

历史上，从希腊社会以来，就有一些不可思议的记忆技巧流传下来，这些技巧的使用者能以顺序、倒序或者任意顺序记住数百数千件事物，他们能表演特殊的记忆技巧，能够完整地记住某一个领域的全部知识等。

后来有人称这种特殊的记忆规则为"记忆术"。随着社会的发展，人们逐渐意识到这些方法能使大脑更快、更容易记住一些事物，并且能使记忆保持得更长久。

实际上，这些方法对改进大脑的记忆非常明显，也是大脑本来就具有的能力。

有关研究表明，只要训练得当，每个正常人都有很强的记忆力，人的大脑记忆的潜力是很大的，可以容纳下5亿本书那么多的信息——这是一个很难装满的知识库。但是由于种种原因，人的记忆力没有得到充分的发挥，可以说，每个人可以挖掘的记忆潜力都是非常巨大的。

思维导图帮助你高效记忆

思维导图，最早就是一种记忆技巧。

人脑对图像的加工记忆能力大约是文字的 1000 倍。让你更有效地把信息放进你的大脑，或是把信息从你的大脑中取出来，一幅思维导图是最简单的方法——这就是作为一种思维工具的思维导图所要做的工作。

在拓展大脑潜力方面，记忆术同样离不开想象和联想，并以想象和联想为基础，以便产生新的可记忆图像。

我们平时所谈到的创造性思维也是以想象和联想为基础。两者比较起来，记忆术是将两个事物联系起来从而重新创造出第三个图像，最终只是达到简单地要记住某个东西的目的。

思维导图记忆术一个特别有用的应用是寻找"丢失"的记忆，比如你突然想不起了一个人的名字，忘记了把某个东西放到哪儿去了等。

思维导图帮助你找回"记忆"

在这种情况下，对于这个"丢失"的记忆，我们可以采用思维的联想力量，这时，我们可以让思维导图的中心空着，如果这个

"丢失"的中心是一个人名字的话，围绕在它周围的一些主要分支可能就是像性别、年龄、爱好、特长、外貌、声音、学校或职业以及与对方见面的时间和地点等。

通过细致地罗列，我们会极大地提高大脑从记忆仓库里辨认出这个中心的可能性，从而轻易地确认这个对象。

据此，编者画了一幅简单的思维导图：

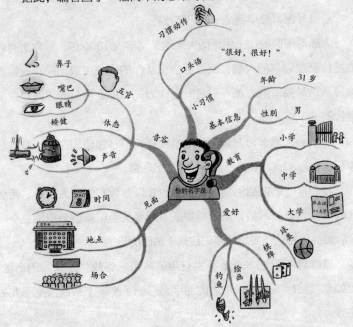

受此启发，你也可以回想自己曾经忘记的人和事，借助思维导图记忆术把他们一一"找"回来。

如果平时，我们尝试把思维导图记忆术应用到更广的范围的话，那么就会有效地解决更多的问题。

思维导图记忆术需要不断地练习，让它潜移默化你的生活、学习和工作，从而发生更大的效用，甚至彻底改变你的人生。

记忆的前提：注意力训练

中国有个寓言《学弈》，大意说的是两个人同向当时的围棋高手奕秋学围棋，"其一人专心致志，听奕秋之为听；一人虽听之，一心以为有鸿鹄将至，思拔弓缴而射之。虽与之俱学，弗若知矣。为是其智弗若与曰：非然也"。

意思是说，这两个虽一起学习，但一个专心致志，另一个则总是想着射鸟，结果二人的棋术进展可想而知。

这则寓言告诉我们，学习成绩的差距并不是由于智力，而是由注意程度的差距造成的。只有集中注意力，才能获得满意的学记效果；如果在学记时分散注意力，即使是花费很长时间，也不会有明显的学记效果。有很多青少年不知道这个道理，也常常因注意力不集中苦恼，下面简单介绍几种训练注意力的方法：

提高注意力的训练

训练 1：

　　把收音机的音量逐渐关小到刚能听清楚时认真地听，听 3 分钟后回忆所听到的内容。

训练 2：

　　在桌上摆三四件小物品，如瓶子、铅笔、书本、水杯等，对每件物品进行追踪思考各两分钟，即在两分钟内思考与某件物品的一系列有关内容，比如思考瓶子时，想到各种各样的瓶子，想到各种瓶子的用途，想到瓶子的制造，造玻璃的矿石来源等。

　　这时，控制自己不想别的物品，两分钟后，立即把注意力转移到第二件物品上。开始时，较难做到两分钟后的迅速转移，但如果每天练习 10 多分钟，两周后情况就大有好转了。

训练 3：

　　盯住一张画，然后闭上眼睛，回忆画面内容，尽量做到完整，例如画中的人物、衣着、桌椅及各种摆设。回忆后睁开眼睛再看一下原画，如不完整，再重新回忆一遍。这个训练既可培养注意力集中的能力，也可提高更广范围的想象能力。

　　或者，在地图上寻找一个不太熟悉的城镇，在图上找出各个标记数字与其对应的建筑物，也能提高观察时集中注意力的能力。

训练 4：

准备一张白纸，用 7 分钟时间，写完 1—300 这一系列数字。测验前先练习一下，感到书写流利、很有把握后再开始，注意掌握时间，越接近结束速度会越慢，稍微放慢就会写不完。一般写到 199 时每个数不到 1 秒钟，后面的数字书写每个要超过 1 秒钟，另外换行书写也需花时间。

测验要求：能看清所写的字，不至于过分潦草；写错了不许改，也不许做标记，接着写下去；到规定时间，如写不完必须停笔。

结果评定：第一次差错出现在 100 以前为注意力较差；出现在 101—180 间为注意力一般；出现在 181—240 间是注意力较好的；超过 240 出差错或完全对是注意力优秀。总的差错在 7 个以上为较差；错 4—7 个为一般；错 2—3 个为较好；只错一个为优秀。如果差错在 100 以前就出现了，但总的差错只有一两次，这种注意力仍是属于较好的。要是到 180 后才出错，但错得较多，说明这个人易于集中注意力，但很难维持下去。在规定时间内写不完则说明反应速度慢。

将测验情况记录，留与以后的测验做比较。

训练 5：

假设你在读一本书、看一本杂志或一张报纸，你对它并不感兴趣，突然发现自己想到了大约 10 年前在墨西哥看的一场斗牛，你是怎样想到那里去的呢？看一下那本书你或许会发现你所读的最后一句话写的是遇难船发出了失事信号，集中分析一下思路，你可能会回忆出下面的过程：遇难船使你想起了英法大战中的船只，有的人得救了，其他的人沉没了。你想到了死去的 4 位著名牧师，他们把自己的救生圈留给了水手。有一枚邮票纪念他们，由此你想到了其他的一些复印邮票硬币和 5 分镍币上的野牛，野牛又使你想到了公牛以及墨西哥的斗牛。这种集中注意力的练习实际上随时随地都可以进行。

经常在噪音或其他干扰环境中学习的人，要特别注意稳定情绪，不必一遇到不顺心的干扰就大动肝火。情绪不像动作，一旦激发起来便不易平静，结果对注意力的危害比出现的干扰现象更大。要暗示自己保持平静，这就是最好的集中注意力训练。

训练 6：

从 300 开始倒数，每次递减 3 位数。如 300、297、294，倒数至 0，测定所需时间。

要求读出声，读错的就原数重读，如"294"错读为"293"时，要重读"294"。

测验前先想想其规律。例如，每数 10 次就会出现一个"0"（270、240、210……），个位数出现的周期性变化。

结果评定：2 分钟内读完为优秀，2.5 分钟内读完为较好，3 分钟内读完为一般，超过 3 分钟为较差。这一测验只宜自己与自己比较，把每次测验所需时间对比就行了。

训练 7：

这个练习又称为"头脑抽屉"训练，是练习集中注意力的一种重要方法。请自己选择 3 个思考题，这 3 个题的主要内容必须是没有联系的。题目选定后，对每个题思考 3 分钟。在思考某一题时，一定要集中精力，思想上不能开小差，尤其不能想其他两个问题。一个题思考 3 分钟后，立即转入对下一个题的思考。

　　集中注意力的训练形式可以多种多样，随处都可因地制宜进行训练。

记忆的魔法：想象力训练

一个人的想象力与记忆力之间具有很大的关联性，甚至在有些时候，回忆就是想象，或者说想象就是回忆。如果一个人具有十分活跃的想象力，他就很难不具备强大的记忆力，良好的记忆力往往与强大的想象力联系在一起。

因此，要训练我们的记忆力，可以从训练我们的想象力着手。

提高想象力的训练

训练1：

向学前班的孩子学习，培养你的想象力，如问自己一个问题：花儿为什么会开？

你猜小朋友们会怎么回答呢？

第一个孩子说："她睡醒了，想看看太阳。"

第二个孩子说："她伸伸懒腰，就把花骨朵儿顶开了。"

第三个孩子说："她想和小朋友比比，看谁穿得更漂亮。"

第四个孩子说："她想看看，小朋友会不会把她摘走。"

这时，一个孩子问老师一句："老师，您说呢？"

这时候，如果你是老师该怎么回答才能不让孩子失望呢？

如果你是个孩子，你又认为答案会是什么呢？

其实，只要你不回答："因为春天来了。"那你的想象力就得到了锻炼。

你也可以随便拿出一张画，问自己："这是什么？"

一块砖。

别的呢？一扇窗。

别的呢？事实上，从侧面看，这是字母 n。或者，另一个字母，如 F。

别的呢？一个侧面看到的数字。

别的呢？任何一个从上端看的三维数字，包括 2，3，5，6，7，8，9，0。

别的呢？任何一个装在盒子里的物体。

别的呢？一个特殊尺寸的空白屏幕（垂直方向）。

仔细看这幅图，你能找到一张女人的脸和一个萨克斯演奏家吗？

别的呢……

每个事物都可能成为其他所有的事物，高度创造性的大脑是没有逾越不了的障碍的。自由联想是天才最好的朋友。天才的感知力就是在每个事物中看到其他所有的事物！这就是为什么天才能看到普通人看不到的实质。

训练2：

从剧本或诗歌中读一段或几段，最好是那些富有想象的段落，例如下文：

> 茂丘西奥，她是精灵们的媒婆，
>
> 她的身体只有郡吏手指上一颗玛瑙那么大。
>
> 几匹蚂蚁大小的细马替她拖着车子，
>
> 越过酣睡的人们的鼻梁……
>
> 有时奔驰过廷臣的鼻子，
>
> 就会在梦里寻找好差事。
>
> 他就会梦见杀敌人的头，
>
> 进攻、埋伏，锐利的剑锋，淋漓的痛饮……
>
> 忽然被耳边的鼓声惊醒，
>
> 咒骂了几句，
>
> 又翻了个身睡去了。

把书放到一边，尽量想象出你所读的内容，这不是重复和记忆。如果10行或12行太多了，就取三四行，你实际的任务是使之形象化，闭上眼睛你必须看到精灵们的媒婆，你必须想象出她的样子只有一颗玛瑙那么大，你必须看到廷臣在睡觉，精灵们在他的鼻子上奔驰，你必须想出士兵的样子并看到他杀敌人的头。你要听到他的祷词，祷词的内容由你设想。

你是否已经读过了《罗密欧与朱丽叶》这本书的前一部分或几行文字？现在把书放在一边，想出你自己的下文来。当然，做这个练习时你不能先知道故事的结尾。你要假设自己是作者，创造出自己的下文来，你要想象出人物的形象，让他们做些事情，并想象出他们做事时的形态样子，直至你心目中的形象和亲眼所见一样清楚为止。

训练3：

用3分钟时间，将下面15组词用想象的方法联在一起进行记忆。

老鹰——机场	轮胎——香肠	长江——武汉
闹钟——书包	扫帚——玻璃	黄河——牡丹
汽车——大树	白菜——鸡蛋	月亮——猴子
火车——高山	鸡毛——钢笔	轮船——馒头
马车——毛驴	楼梯——花盆	太阳——番茄

通过以上三个方面的训练，可以提高我们的想象力，以至于有效提高我们的记忆力。

第四节
记忆的基石：观察力训练

记忆就像一台存款机要先有存款才能取款。记忆也先要完成记忆的输入过程，之后你才能将这部分信息或印象重现出来。

这样就有一个存入多少、存什么的问题，也就是你记忆的哪方面的内容以及真正记忆了多少或是印象有多深，这就有赖于观察力了！

进行观察力训练，是提高观察力的有效方法。下面介绍几种行之有效的训练方法：

提高观察力的训练

训练 1：

选一种静止物，比如一幢楼房、一个池塘或一棵树，对它进行观察。按照观察步骤，对观察物的形、声、色、味进行说明或描述。这种观察可以进行多次，直到自己能抓住主要观察物的特征为止。

训练 2：

选一个目标，像电话、收音机、简单机械等，仔细把它看几分钟，然后等上大约一个钟头，不看原物画一张图。把你的图与原物进行比较，注意画错了的地方，最后不看原物再画一张图，把画错了的地方更正过来。

在这幅图像中，你可能看到一个少女，或者是一个老妇人，却很少能同时看到两个人，但是通过不断演练，你就可以做到。这种发生在两个图像之间的转换活动发生在视觉皮质。

训练 3：

画一张中国地图，标出你所在的那个省的省界和所在的省会，标完之后，把你标的与地图进行比较，注意有哪些地方搞错了，不过地图在眼前时不要去修正，把错处及如何修正都记在脑子里，然后丢开地图再画一张。错误越多就越需要重复做这个练习。

在你有把握画出整个中国之后就画整个亚洲，然后画南美洲、欧洲以及其他的洲。要画得多详细由你自己决定。

训练 4：

以运动的机器、变化的云或物理、化学实验为观察对象，按照观察步骤进行观察。这种观察特别强调知识的准备，要能说明运动变化着的形、声、色、味的特点及其变化原因。

训练 5：

随便在书里或杂志里找一幅图，看它几分钟，尽可能多观察一些细节，然后凭记忆把它画出来。如果有人帮助，你可以不必画图，只要回答你朋友提出的有关图片细节的问题就可以了。问题可能会是这样的：有多少人？他们是什么样子？穿什么衣服？衣服是什么颜色？有多少房子？图片里有钟吗？几点了？等等。

训练 6：

把练习扩展到一间房子。开始是你熟悉的房间，然后是你只看过几次的房间，最后是你只看过一次的房间，不过每次都要描述细节。不要满足于知道在西北角有一个书架，还要回忆一下书架有多少层，每层估计有多少书，是哪种书，等等。

右脑的记忆力是左脑的 100 万倍

关于记忆，也许有不少人误以为"死记硬背"同"记忆"是同一个道理，其实它们有着本质的区别。死记硬背是考试前夜那种临阵磨枪，实际上只使用了大脑的左半部，而记忆才是动员右脑积极参与的合理方法。

右脑的记忆能力有多强

在提高记忆力方面，最好的一种方法是扩展大脑的记忆容量，即扩展大脑存储信息的空间。有关研究也表明，在大脑容纳信息量和记忆能力方面，右脑是左脑的 100 万倍。

首先，右脑是图像的脑，它拥有卓越的形象能力和灵敏的听觉，人脑的大部分记忆，也是以模糊的图像存入右脑中的。

其次，按照大脑的分工，左脑追求记忆和理解，而右脑只要把知识信息大量地、机械地装到脑子里就可以了。右脑具有左脑所没有的快速大量记忆机能和快速自动处理机能，后一种机能使右脑能够超快速地处理所获得的信息。

这是因为，人脑接收信息的方式一般有两种，即语言和图画。经过比较发现，用图画来记忆信息时，远远超过语言。如果记忆同一事物时，能在语言的基础上加上图或画这种手段，信息容量就会比只用语言时要增加很多，而且右脑本来就具有绘画认识能力、图形认识能力和形象思维能力。

如果将记忆内容描绘成图形或者绘画，而不是单纯的语言，就能通过最大限度地动员右脑的这些功能，发挥出高于左脑的 100 万倍的能量。

另外，创造"心灵的图像"对于记忆很重要。

那么，如何才能操作这方面的记忆功能，并运用到日常生活中

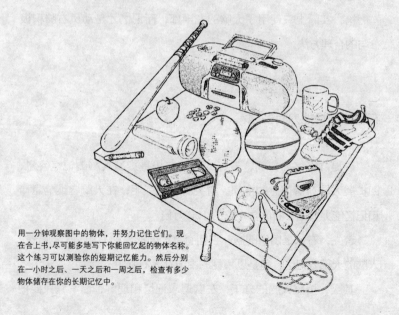

用一分钟观察图中的物体，并努力记住它们。现在合上书，尽可能多地写下你能回忆起的物体名称。这个练习可以测验你的短期记忆能力。然后分别在一小时之后、一天之后和一周之后，检查有多少物体储存在你的长期记忆中。

呢？现在开始描述图像法中一些特殊的规则，来帮助你获得记忆的存盘。

图像要尽量清晰和具体

右脑所拥有的创造图像的力量，可以让我们"想象"出图像以加强记忆的存盘，而图像记忆正是运用了右脑的这一功能。研究已经发现并证实，如果在感官记忆中加入其他联想的元素，可以加强回忆的功能，加速整个记忆系统的运作。

所以，图像联想的第一个规则就是要创造具体而清晰的图像。具体、清晰的图像是什么意思呢？比方我们来想象一个少年，你的"少年图像"是一个模糊的人形，还是有血有肉、呼之欲出的真人呢？如果这个少年图像没有清楚的轮廓，没有足够的细节，那就像将金库密码写在沙滩上，海浪一来就不见踪影了。

下面，让我们来做几个"心灵的图像"的创作练习。

创造"苹果图像"。在创作之前，你先想想苹果的品种，然后想到苹果是红色、绿色或者黄色，再想一下这颗苹果的味道是偏甜还是偏酸。

创造一幅"百合花图像"。我们不要只满足于想象出一幅百合花的平面图片，而要练习立体地去想象这朵百合花，是白色还是粉色；是含苞待放还是娇艳盛开。

创造一幅"羊肉图像"。看到这个词你想到了什么样的羊肉呢？是烤全羊，是血淋淋的肉片，还是放在盘子里半生不熟的羊排？

创作一幅"出租车图像"。你想象一下出租车是崭新的德国奔驰，老旧的捷达，还是一阵黑烟（出租车已经开走了）？车牌是什么呢？出租车上有人吗？乘客是学生还是白领？

这些注重细节的图像都能强化记忆库的存盘，大家可以在平时多做这样的练习来加强对记忆的管理。

要学会抽象概念借用法

如果提到光，光应该是什么样的图像呢？这时候我们需要发挥联想的功能，并且借用适当的图像来达成目的。光可以是阳光、月光，也可以是由手电筒、日光灯、灯塔等反射出来的……美味的饮料可以是现榨的新鲜果蔬汁、也可以是香醇可口的卡布奇诺、还可以是酸酸甜甜的优酪乳……法律可以借用警察、法官、监狱、法槌等。

时常做做"白日梦"

当我们的身体和精神在放松的时候，更有利于右脑对图像的创造，因为只有身心放松时，右脑才有能量创造特殊的图像。当我们无聊或空闲的时候，不妨多做做白日梦，当我们在全身放松的状态下时所做的白日梦，都是有图像的，那是我们用想象来创造的很清晰的图像。因此应该相信自己有这个能力，不要给自己设限。

通过感官强化图像

即我们熟知的五种重要的感官——视觉、听觉、触觉、嗅觉、味觉。

另外，夸张或幽默也是我们加强记忆的好方法。如果我们想到猫，可以想到名贵的波斯猫，想到它玩耍的样子。如果再给这只可爱的猫咪加点儿夸张或幽默的色彩呢？比如，可以把猫想象成日本卡通片中的机器猫，或者把猫想象成黑猫警长，猫会跟人讲话，猫会跳舞等。这些夸张或者幽默的元素都会让记忆变得生动逼真！

总之，图像具有非常强的记忆协助功能，右脑的图像思维能力是惊人的，调动右脑思维的积极性是科学思维的关键所在。

当然，目前发挥右脑记忆功能的最好工具便是思维导图，因为它集合了图像、绘画、语言文字等众多功能于一身，具有不可替代的优势。

被称作天才的爱因斯坦也感慨地说："当我思考问题时，不是用语言进行思考，而是用活动的跳跃的形象进行思考。当这种思考完成之后，我要花很大力气把它们转化成语言。"

国际著名右脑开发专家七田真教授曾说过："左脑记忆是一种'劣质记忆'，不管记住什么很快就忘记了，右脑记忆则让人惊叹，它有'过目不忘'的本事。左脑与右脑的记忆力简直就是1：100万，可惜的是一般人只会用左脑记忆！"

我们也可以这样认为，很多所谓的天才，往往更善于锻炼自己的左右脑，而不是单独左脑或者右脑；每个人都应有意识地开发右脑形象思维和创新思维能力，提高记忆力。

第六节

思维导图里的词汇记忆法

思维导图更有利于我们对词汇的理解和记忆。

不论是汉语词汇还是外语词汇，我们都需要大量地使用它们。但我们很多人面临的一个普遍问题是，怎样才能更好更快地记住更多的词汇。

对词汇本身来说，它具有很大的力量，甚至可以称作魔力。法国军事家拿破仑曾说："我们用词语来统治人民。"

在这里，我们以英语词汇为例，帮助学习者利用思维导图更高效快捷地学习。

思维导图帮助我们学习生词

我们在英语词汇学习中，往往会遇到大量的多义词和同音异义词。尽管我们会记住单词的某一个意思，可是当同样的单词出现在另一个语言场合中时，对我们来说就很有可能又会成为一个新的单词。

面对多义词学习，我们可以借助思维导图，试着画出一个相对清晰的图来，以帮助我们更方便地学习。例如，"buy"（购买）这个单词，可以作为及物动词和不及物动词来使用，还可以作为名词来使用。

所以，将其当作不同的词性使用时，它就具有不同的意思和搭配用法。而据此，我们可以画出"buy"的思维导图，帮助我们归纳出其在字典中所获信息的方式，进而用一种更加灵活的方式来学习单词。

如果我们把"buy"的学习和用法用思维导图的形式表示出来，不仅可以节省我们学习单词的时间，提高学习的效率，更会大大促进学习的能动性，提高学习兴趣。

思维导图与词缀词根

词缀法是派生新英语单词的最有效的方法，词缀法就是在英语词根的基础上添加词缀的方法。比如"-er"可表示"人"，这类词可以生成的新单词，比如，driver 司机, teacher 教师, labourer 劳动者, runner 跑步者, skier 滑雪者, swimmer 游泳者, passenger 旅客, traveller 旅游者, learner 学习者 / 初学者, lover 爱好者, worker 工人等等，所以，要扩大英语的词汇量，就必须掌握英语常用词缀及词根的意思。

思维导图可以借助相同的词缀和词根进行分类，用分支的形式表示出来，并进行发散、扩展，从而帮助我们记忆更多的词汇。

思维导图和语义场帮助我们学习词汇

语义场也是一种分类方法，研究发现，英语词汇并不是一系列独立的个体，而是都有着各自所归属的领域或范围的，它们因共同拥有某种共同的特征而被组建成一个语义场。

我们根据词汇之间的关系可以把单词之间的关系划分为反义词、同义词和上下义词。上义词通常是表示类别的词，含义广泛，包含两个或更多有具体含义的下义词。下义词除了具有上义词的类别属性外，还包含其他具体的意义。如: chicken - rooster, hen, chick ; animal - sheep, chicken, dog, horse。这些关系同样可以用思维导图表现出来，从而使学习者能更加清楚地掌握它们。

思维导图还可以帮助我们辨析同义词和近义词

在英语单词学习中，词汇量的大小会直接影响学习者听说读写等其他能力的培养与提高。尽管如此，已被广泛使用的可以高效快速地记忆单词词汇的方法并不是很多。本节提出利用思维导图记忆单词的方法，希望对学习词汇者能有所帮助。毫无疑问，一个人对积极词汇量掌握的多少，有着至关重要的作用。然而，学习积极词汇的难点就在于它们之中有很多词不仅形近，而且在用法上也很相似，很容易使学习者混淆。

如果我们考虑用思维导图的方式，可以进行详细的比较，在思维导图上画出这些单词的思维导图，不仅可以提高学生的记忆能力，对其组织能力及创造能力也有很大的帮助。可以说，词汇的学习有很大的技巧，也有可以凭借的工具，其中最有效的记忆工具便是思维导图。

不想遗忘，就重复记忆

很多学生都会有这样的烦恼，已经记住了的外语单词、语义课文、数理化的定理、公式等，隔了一段时间后，就会遗忘很多。怎么办呢？解决这个问题的主要方法就是要及时复习。德国哲学家狄慈根说，重复是学习之母。

及时复习才能记得更好

复习是指通过大脑的机械反应使人能够回想起自己一点儿也不感兴趣的、没有产生任何联想的内容。艾宾浩斯的遗忘规律曲线告诉我们：记忆无意义的内容时，一开始的 20 分钟内，遗忘 42%；1 天后，遗忘 66%；2 天后，遗忘 73%；6 天后，遗忘 75%；31 天后，遗忘 79%。古希腊哲学家亚里士多德曾说："时间是主要的破坏者。"

我们的记忆随着时间的推移逐渐消失，最简单的挽救方法就是重习，或叫作重复。我国著名科学家茅以升在 83 岁高龄时仍能熟记圆周率小数点以后 100 位的准确数值，有人问过他，记忆如此之好的秘诀是什么，茅先生只回答了七个字"重复、重复再重复"。可见，天才并不是天赋异禀，正如孟子所说："人皆可以为尧舜。"佛家有云："一阐提人亦可成佛。"只要勤学苦练，也是可以成为了不起的人的。

重复记忆也要讲究方法

虽然重复能有效增进记忆，但重复也应当讲究方法。

一般，要在重复第三遍之前停顿一下，这是因为凡在脑子中停留时间超过 20 秒钟的东西才能从瞬间记忆转化为短时记忆，从而得到巩固并保持较长的时间。当然，这时的信息仍需要通过复习来加强。

复习的时间应有科学性

那么，每次间隔多久复习一次是最科学的呢？

一般来讲，间隔时间应在不使信息遗忘的范围内尽可能长些。例如，在你学习某一材料后一周内的复习应为 5 次。而这 5 次不要平均地排在 5 天中。信息遗忘率最大的时候是早期信息在记忆中保持的时间越长，被遗忘的危险就越小。所以在复习时的初期间隔要小一点儿，然后逐渐延长。

我们可以比较一下集合法和间隔法记忆的效果。

如要记住一篇文章的要点，你又应怎样记呢？

你可以先用"集合法"，即把它读几遍直至能背下来，记住你所耗费的时间。在完成了用"集合法"记忆之后，我们看看用"间隔法"的情况。这回换成另一段文章的要点：看一遍之后目光从题上移开约 10 秒钟，再看第二遍，并试着回想它。

如果你不能准确地回忆起来，就再将目光移开几秒钟，然后再读第三遍。这样继续着，直至可以无误地回忆起这几个词，然后写出所用时间。

两种记忆方法相比较，第一种的记忆方式虽然比第二种方法快些，但其记忆效果可能并不如第二种方法。许多实验也都显示出间隔记忆要比集合记忆有更多的优点。

心理学家根据阅读的次数，研究了记忆一篇课文的速度：如果连续将一篇课文看 6 遍和每隔 5 分钟看一遍课文，连看 6 遍，两者相比较，后者记住的内容要多得多。

心理学家为了找到能产生最好效果的间隔时间，做过许多的实验，已证明理想的阅读间隔时间是 10 分钟至 16 小时不等，根据记忆的内容而定。10 分钟以内，非一遍记忆效果并不太好，超过 16 小时，一部分内容已被忘却。

间隔学习中的停顿时间应能让科学的东西刚好记下。这样，在回忆印象的帮助下你可以在成功记忆的台阶上再向前迈进一步。当你需要通过浏览的方式进行记忆时，如要记一些姓名、数字、单词等，采用间隔记忆的效果就不错。假设你要记住 18 个单词，你就应看一下这些单词。在之后的几分钟里自己也要每隔半分钟左右就默念一次这些单词。

这样，你会发现记这些单词并不太困难。第二天再看一遍，这时你对这些单词可以说就完全记住了。

在复习时你可以采用限时复习训练方法

这种复习方法要求在一定时间内规定自己回忆一定量材料的内容。例如，一分钟内回答出一个历史问题等。这种训练分三个步骤：

第一步，整理好材料内容，尽量归结为几点，使回忆时有序可循。整理后计算回忆大致所需的时间；

第二步，按规定时间以默诵或朗诵的方式回忆；

第三步，用更短的时间，以只在大脑中思维的方式回忆。

在训练时要注意两点

首先，开始时不宜把时间卡得太紧，但也不可太松。太紧则多次不能按时完成回忆任务，就会产生畏难的情绪，失去信心；太松则达不到训练的目的。训练的同时还必须迫使自己注意力集中，若注意力分散了将会直接影响反应速度，要不断暗示自己。

其次，当训练中出现不能在额定时间内完成任务时，不要紧张，更不要在烦恼的情况下赌气反复练下去，那样会越练越糟。应适当地休息一会儿，想一些美好的事，使自己心情好了再练。

最后，学习要勤于复习，勤于复习，记忆和理解的效果才会更好，遗忘的速度也会变慢。

思维是记忆的向导

思考是一种思维过程，也是一切智力活动的基础，是动脑筋及深刻理解的过程。而积极思考是记忆的前提，深刻理解是记忆的最佳手段。

在识记的时候，思维会帮助所记忆的信息快速地安顿在"记忆仓库"中的相应位置，与原有的知识结构进行有机结合。在回忆的时候，思维又会帮助我们从"记忆仓库"中查找，以尽快地回想起来。思维对记忆的向导作用主要表现在以下几点：

概念与记忆

概念是客观事物的一般属性或本质属性的反映，它是人类思维的主要形式，也是思维活动的结果。概念是用词来标志的。人的词语记忆就是以概念为主的记忆，学习就要掌握科学的概念。概念具有代表性，这样就使人的记忆可以有系统性。如"花"的概念包括了各种花，我们在记忆菊花、茶花、牡丹花等的材料时，就可以归入花的要领中一并记住。从这个角度讲，概念可以使人举一反三，灵活记忆。

理解与记忆

理解属于思维活动的范围，它既是思维活动的过程，是思维活动的方法，又是思维活动的结果。同时，理解还是有效记忆的方法。理解了的事物会扎扎实实地记在大脑里。

原型　　　　　　　　　　"老"涂鸦　　　　　　　　　　"新"涂鸦

霍马和他的同事基于不同的原型设计了不同类别的涂鸦。被试者学会了怎样将"老"涂鸦和正确的原型类别联系起来。之后，他们又将被试者以前没见过的"新"涂鸦出示给被试者看。被试者只是很好地对"老"涂鸦进行了分类。这是因为"老"涂鸦已经融入了被试者的心理词典中，而"新"涂鸦还没融入。

思维方法与记忆

思维的方法很多，这些方法都与记忆有关，有些本身就是记忆的方法。思维的逻辑方法有科学抽象、比较与分类、分析与综合、归纳与演绎及数学方法等；思维的非逻辑方法有潜意识、直觉、灵感、想象和形象思维等。多种思维方法的运用使我们容易记住大量的信息并获得系统的知识。

此外，思维的程序也与记忆有关。思维的程序表现为发现问题、试作回答、提出假设和进行验证。

那么，我们该怎样来积极地进行思维活动呢？

多思

多思指思维的频率。复杂的事物，思考无法一次完成。古人说："三思而后行。"我们完全可以针对学习记忆来个"三思而后行，三思而后记"。反复思考，一次比一次想得深，一次比一次的见解新，不停止于一次思考，不满足于一时之功，在多次重复思考中参透知识，把道理弄明白，事无不记。

苦思

苦思是指思维的精神状态。思考，往往是一种艰苦的脑力劳动，要有执着、顽强的精神。《中庸》中说，学习时要慎重地思考，不能因思考得不到结果就停止。这表明古人有非深思透顶达到预期目标不可的意志和决心。据说，黑格尔就有这种苦思冥想的精神。有一次，他为思考一个问题，竟站在雨里一个昼夜。苦思的要求就是不做思想的怠惰者，经常运转自己的思维机器，并能战胜思维过程中所遇到的艰难困苦。

精思

精思指思维的质量。思考的时候，只粗略地想一下，或大概地考量一番，是不行的。朱熹很讲究"精思"，他说："……精思，使其意皆若出于吾之心。"换一种说法，精思就是要融会贯通，使书的道理如同我讲出去的道理一般。思不精怎么办？朱熹说："义不精，细思可精。"细思，就是细致周密、全面地思考，克服想不到、想不细、想不深的毛病，以便在思维中多出精品。

巧思

巧思指思维的科学态度。我们提倡的思考，既不是漫无边际的胡思乱想，也不是钻牛角尖，它是以思维科学和思维逻辑作为指南的一种思考，即科学的思考。我们不仅要肯思考，勤于思考，而且要善于思考，在思考时要恰到好处地运用分析与综合、抽象与概括、比较与分类等思维方式，使自己的思考不绕远路，卓越而有成效。

要发展自己的记忆能力，提高自己的记忆速度，就必须相应地去发展思维能力，只有经过积极思考去认识事物，才能快速地记住事物，把知识变成对自己真正有用的东西。掌握知识、巩固知识的过程，也就是积极思考的过程，我们必须努力完善自己的思维能力，这无疑也是在发展自己的记忆力，加快自己的记忆速度。

第四章

开发记忆潜能，打造天才记忆

你的记忆潜能开发了多少

俄国有一位著名的记忆家，他能记得 15 年前发生过的事情，他甚至能精确到事情发生的某日某时某刻。你也许会说"他真是个记忆天才！"其实，心理学家鲁利亚曾用数年时间研究他，发现他的大脑与正常人没有什么两样，不同的只是他从小学会了熟记发生在身边的事情的方法而已。

每个人都有巨大的记忆潜能

每个人读到这里都会觉得不可思议。其实，人脑记忆是大有潜力可挖的。你也可以像这位记忆家一样，而这绝对不是信口开河。

现代心理学研究证明，人脑由 140 亿个左右的神经细胞构成，每个细胞有 1000—10000 万个突触，其记忆的容量可以收容一生之中接收到的所有信息。即便如此，在人生命将尽之时，大脑还有记忆其他信息的"空地"。一个正常人头脑的储藏量是美国国会图书馆全部藏书的 50 倍，而此馆藏书量是 1000 万册。

你的记忆能力如何

人人都有如此巨大的记忆潜力，而我们却整天为自己"先天不足"而长吁短叹、怨天尤人，如果你不相信自己有这样的记忆潜力的话，你可以做下面的实验证明。

请准备好钟表、纸、笔，然后记忆下面的一段数字（30 位）和一串词语（要求按照原文顺序），直到能够完全记住为止。写下记忆过程中重复的次数和所花的时间等。4 小时之后，再回忆默写一次（注意：在此之前不能进行任何形式的复习），然后填写这次的重复次数和所花的时间。

数字：109912857246392465702591436807

词语：恐惧　马车　轮船　瀑布　熊掌　武术　监狱　日食　石油　泰山

学习所用的时间：

重复的次数：

默写出错率：

此时的时间：

4 小时后默写出错率：

现在再按同样的形式记忆下面的两组内容，统计出有关数据，但必须使用提示中的方法来记忆。

数字：187105341279826587663890278643

[提示：使用谐音的方法给每个数字确定一个代码字，连成一个故事。故事大意：你原来很胆小，服了一种神奇的药后，大病痊愈，

从此胆大如斗，连杀鸡这样的"大事"也不怕了，一刀砍下去，一只矮脚鸡应声而倒。为了庆祝，你和爸爸，还有你的一位朋友，来到酒吧。你的父亲饮了63瓶啤酒，大醉而归。走时带了两个西瓜回去，由于大醉，全都丢光了。现在，你正给你的这位朋友讲这件事，你说："一把奇药（1871），令吾杀死一矮鸡（0534127），酒吧（98），尔来（26），吾爸吃了63啤酒（58766389），拎两西瓜（0278），流失散（643）。"]

词语：火车　黄河　岩石　鱼翅　体操　惊讶　煤炭　茅屋　流星　汽车

[提示：把10个词语用一个故事串起来，请在读故事时一定要像看电视剧一样在脑中映出这个故事描述的画面来。故事如下：一列飞速行驶的"火车"在经过"黄河"大桥时撞在"岩石"上，脱轨落入河中，河里的"鱼"受惊之后展"翅"飞出水面，纷纷落在岸上，活蹦乱跳，像在做"体操"似的。人们目睹此景大为"惊讶"，驻足围观。有几个聪明人拿来"煤炭"，支起炉灶来煮鱼吃。煤不够了就从"茅屋"上扒下干草来烧。鱼刚煮好，不料，一颗"流星"从天而降砸在炉上。陨石有座小山那么大，上面有个洞，洞中开出一辆"汽车"来，也许是外星人的桑塔纳吧。]

学习所用的时间：

重复的次数：

默写出错率：

此时的时间：

4小时后默写出错率：

通过比较两次学习的效果，可以看出：使用后面提示中的记忆方法来记忆时，时间短，记忆准确，效果持久。

其实，许多行之有效的记忆训练方法还鲜为人知，本书就将为你介绍很多有效的训练方法。如果你能掌握并运用好其中的一个方法，你的记忆就会被强化，一部分潜能也就会被开发出来而产生很可观的实际效果；如果你能全面地掌握并运用好这些训练方法，使它们在相互协同中产生增值效应，那么你的记忆力就会有惊人的长进，近于无穷的潜能也会释放出来。多数人自我感觉记忆不良，大都是记忆方法不当所造成的。

　　所以，我们要相信自己的大脑，它就犹如照相底片，等待着信息之光闪现；又如同浩瀚的汪洋，接纳川流不息的记忆之"水"——无"水"满之患；还好像没有引爆的核材料，一旦引爆，它会将蕴藏的超越其他材料万亿倍的核热潜能释放出来，让你轻而易举地腾飞，铸就辉煌，造福人类和自己。

　　当然，值得注意的是，虽然记忆大有潜力可挖，但是也不要滥用大脑。因为脑是一个有限的装置——记忆的容量不是无限的，一瞥的记忆量很有限。过频地使用某些部位的脑神经细胞，时间一久，还会出现功能降减性病变（主症是效率突减），脑细胞在中年就不断地死亡而数量不断地减少，其功能也由此而衰退……

　　故此，不要"锥刺股，头悬梁"地去记忆那些过了时的、杂七杂八、无关紧要、结构松散、毫无生气、可用笔记以及其他手段帮助大脑记忆的信息。

明确记忆意图，增强记忆效果

美国心理学家威廉·詹姆斯说："天才的本质，在于懂得哪些是可以忽略的。"

明确记忆意图极其重要

很多人可能都有这样的体会：课堂提问前和考试之前看书，记忆效果比较好，这主要是因为他们记忆的目的明确，知道自己该记什么，到什么时候记住，并知道非记住不可。这种非记住不可的紧迫感，会极大地提高记忆力。

原南京工学院讲师韦钰到德国进修，靠着原来自修德语的一点儿基础，仅用了四个月的时间就攻下了德语关，表现出惊人的记忆能力。这种惊人的记忆力与"一定要记住"的紧迫感有关，而这种紧迫感又来自韦钰正确的学习目的和研究动机。

韦钰的事例证明，记忆的任务明确，目的端正，就能发掘出各种潜力，从而取得较好的记忆效果。有时，重要的事情遗忘的可能性比较小，就是这个道理。

记忆能力差，源于没有明确的学习任务

不少人抱怨自己的记忆能力太差，其实这主要是在于学习的动机和目的不端正，学习缺乏强大的动力，不善于给自己提出具体的学习任务，因此在学习时，就没有"一定要记住"的紧迫感，注意力就不容易集中，使得记忆效果很差。

反之，有了"一定要记住"的认识，又有了"一定能记住"的信心，记忆的效果一定会好的。

基于以上原因，我们在记忆之前应给自己提出识记的任务和要求。例如，在读文章之前，预先提出要复述故事的要求；去动物园之前，要记住哪些动物的外形、动作及神态，回来后把它们画出来。这就调动了在进行这些活动中观察、注意、记忆的积极性。

控制加工	自动加工
需要集中注意,会被有限的信息加工资源阻抑	独立于集中注意,不会被信息加工资源阻抑
按序列进行（一次一步），例如转动钥匙、放开刹车、看后视镜等	并行加工（同时或者没有特别的顺序），如由左手开车变为右手开车
容易改变	一旦自动化后，不易改变
有意识地察觉任务	经常意识不到执行的任务
相对耗时	相对较快
经常是比较复杂的任务	较简单的任务

记忆的目的应该是什么

另外，光有目的还不行，如很多人在考试之前，花了很多时间记忆学习，但考试之后，他努力背的那些知识很快就忘记了，因此，记忆时提出的目的还应该是长远的、有意义的、有价值的、有一定难度的。

记忆目标是由记忆目的决定的。要确定记忆目标，首先要明确记忆的目的，即为了什么去进行记忆，然后根据记忆目的确定具体的记忆任务，并安排好记忆进程。对于较复杂的、需要较长时间来进行记忆的对象来说，应把制订长远目标和制订短期目标相结合，把长远目标分成若干不同的短期目标，通过跨越一个个短期目标去实现长远目标。

明确记忆目标，主要不是一个记忆的技巧问题，而是人的记忆动机、态度、意志的问题。在强大的动机支配下，用认真的态度和坚强的意志去记忆，这就是明确记忆目标的实质。我们懂得记忆的意义后，便会对记忆产生积极的态度。

确定记忆意图应注意的问题

确定记忆意图还要注意以下两个方面：

要注意记忆的顺序

例如，记公式时首先要理解公式的本质，而后通过公式推导来记住它，再运用图形来记住公式，最后是通过做类型题反复应用公式，来强化记忆。有了这样一个记忆顺序，就一定会牢记这些数学公式。

记忆目标要切实可行

在记忆学习中，确立的目标不仅要高远，还要切实可行。因为只有切实的目标才真正会激发人们为之奋斗的热情，才使人有信心、有把握地把目标变为现实。

总之，要使自己真正成为记忆高手，成为记忆方面的天才，你首先要做的就是要有一个明确的记忆意图。

记忆强弱直接决定成绩好坏

记忆力会对我们产生直接的影响

记忆力直接影响我们的学习能力，没有记忆，学习就无法进行。英国哲学家培根说过，一切知识，不过是记忆。记忆方法和其中的技巧，是学生提高学习效率、提升学习成绩的关键因素，没有记忆提供的知识储备，没有掌握记忆的科学方法，学习不可能有高效率。现在学生的学习任务繁重，各种考试应接不暇，如果记不住知识，学习成绩可想而知，一考试头脑就一片空白，考试只能以失败告终。

如果我们把学习当作是一场漫长的征途，那么记忆就像是你的交通工具，交通工具的速度直接关系到你学习成绩的好坏，即它将直接决定你学习效率的高低。俗话说得好，牛车走了一年的路程，还比不上飞船1小时走得远。在竞争日益激烈的今天，谁先开发记忆的潜力，谁就成为将来的强者。

美国心理学家梅耶研究认为，学习者在外界刺激的作用下，首先产生注意，通过注意来选择与当前的学习任务有关的信息，忽视其他无关刺激，同时激活长时记忆中的相关的原有知识。新输入的信息进入短时记忆后，学习者找出新信息中所包含的各种内在联系，并与激活的原有的信息相联系。最后，被理解了的新知识进入长时记忆中储存起来。

在特定的条件下，学习者激活、提取有关信息，通过外在的反应作用于环境。简言之，新信息被学习者注意后，进入短时记忆，同时激活的长时记忆中的相关信息也进入短时记忆。新旧信息相互作用，产生新的意义并储存于长时记忆系统，或者产生外在的反应。

具体地说，记忆在学习中的作用主要有以下几点：

学习新知识离不开记忆

学习知识总是由浅入深，由简单到复杂，是循序渐进的。我们说，在学习新知识前，应该先复习旧知识，就是因为只有新旧知识相联系，才能更有效地记住新知识。忘记了有关的"旧"知识，却想学好新知识，那就如同想在空中建楼一样可笑。如果学习高中"电学"时，初中"电学"中的知识全都忘记了，那么高中的"电学"就很难学习下去。一位捷克教育家说："一切后教的知识都根据先教的知识。"可见，记住先教的知识对继续学习有多么重要。

记忆是思考的前提

面对问题，引起思考，力求加以解决，可是一旦离开了记忆，思考就无法进行，问题也自然解决不了。假如在做求证三角形全等的习题时，却把三角形全等的判定公理或定理给忘了，那就无法进行解题的思考。人们常说，概念是思维的细胞，有时思考不下去的原因是由于思考时把需要使用的概念和原理遗忘了。经过查找或请教又重新回忆起来之后，中断的思考过程就可以继续下去了。宋代学者张载说过："不记则思不起。"这话是很有道理的。如果感知过的事物不能在头脑中保存和再现，思维的"加工"也就成了无源之水，无米之炊了。

记忆好有助于提高学习效率

记忆力强的人，头脑中都会有一个知识的贮存库。在新的学习活动中，当需要某些知识时，则可随时取用，从而保证了新知识的学习和思考的迅速进行，节省了大量查找、复习、重新理解的时间，使学习的效率大大提高。

一个善于学习的人在阅读或写作时，很少翻查字典，做习题时，也很少翻书查找原理、定律、公式等，因为这些知识已牢牢地贮存在他的大脑中了，而且可以随时取用。

不少人解题速度快的秘密在于，他们把常用的运算结果，常用的化学方程式的系数等已熟记在头脑中，因此，在解题时就不必在这些简单的运算上费时间了，从而可以把时间更多地用在思考问题上。由于记得牢固而准确，所以也就大大减少了临时运算造成的差错。

许多学习成绩差的人就是由于记忆缺乏所造成的。有科学研究表明，学习成绩差一些的人在记忆时会遇到两种问题：第一，与学习成绩优良的学生相比，学习成绩差一些的人在记忆任务上有困难；第二，学习成绩差一些的学生的记忆问题可能是由于不能恰当地使用记忆策略。

　　尽管记忆是每个人所具有的一种学习能力，但科学有效的记忆方法并不是每一个学习者都能掌握的。一些学习者会根据课程的学习目的和要求，选择重点、选择难点，然后根据记忆对象的实际情况运用一些记忆方法进行科学记忆，并在自己的学习活动中总结出适合自己学习特点的方法，巩固学习效果，达到学有所成，学有所用。

第四节

寻找记忆好坏的衡量标准

人人需要记忆，人人都在记忆，那么怎样衡量记忆的好坏呢？心理学家认为，一个人记忆的好坏，应以记忆的敏捷性、持久性、正确性和备用性为指标进行综合考查。

敏捷性

记忆的敏捷性体现在记忆速度的快慢，指个人在单位时间内能够记住的知识量，或者说记住一定的知识所需要的时间量。著名桥梁学家茅以升的记忆相当敏捷，小时候看爷爷抄古文《东都赋》，爷爷刚抄完，他就能背出全文。若要检验一个人记忆的敏捷性，最好的方法就是记住自己背一段文章所需的时间。

持久性

记忆的持久性是指记住的事物所保持时间的长短。不同的人记不同的事物时，其记忆的持久性是不同的。东汉末年杰出的女诗人蔡文姬能凭记忆回想出 400 多篇珍贵的古代文献。

正确性

记忆的正确性是指对原来记忆内容的性质的保持。如果记忆的差错太多，不仅记忆的东西失去价值，而且还会有坏处。

备用性

记忆的备用性是指能够根据自己的需要，从记忆中迅速而准确地提取所需要的信息。大脑好比是个"仓库"，记忆的备用性就是要求人们善于对"仓库"中储存的东西提取自如。有些人虽然记忆了很多知识，但却不能根据需要去随意提取，以至于为了回答一个小问题，需要背诵不少东西才能得到正确的答案。就像一个杂乱无章的仓库，需要提货时，保管员手忙脚乱，一时无法找到一样。

记忆指标的这四个方面是相互联系的，也是缺一不可的。忽视记忆指标的任何一个方面都是片面的。记忆的敏捷性是提高记忆效率的先决条件。只有记得快，才能获得大量的知识。

记忆的持久性是记忆力良好的一个重要表现。只有记得牢，才可能用得上。记忆的正确性是记忆的生命。只有记得准，记忆的信息才能有价值，否则记忆的其他指标也就相应地贬值。记忆的备用性也是很重要的。有了记忆的备用性，才会有智慧的灵活性，才能有随机应变的本领。

衡量一个人记忆的好坏除了上面这四个指标外，记忆的广度也是记忆的一个重要的衡量标准。记忆的广度是指群体记忆对象在脑中造成一次印象以后能够正确复现的数量。

譬如，先在黑板或纸板上写出一些词语：钢笔、书本、大海、太阳、飞鸟、学生、红旗等，用心看过一遍后，再进行复述，复述的词语越多，记忆的广度指标就越高。测量一个人记忆的广度，典型的方法就是复述数字：先在纸上写出一串数字，看一遍后，接着复述，有人能说出8位数字，有人能说出12位，有人则只能说清4—5位，一般人能复述8—9位。说得越多，当然越好，但这只代表记忆的一个指标量。

总之，衡量记忆的好坏，应该综合考量，而不应该强调某方面或忽视某方面。

掌握记忆规律，突破制约瓶颈

掌握记忆规律才能更好地记忆

减负一直以来都是一个热门话题，虽然减少课业量是一种减负方法，但掌握记忆规律，按记忆规律学习应该是一种更好的办法。

掌握记忆规律和法则就能更高效地学习，这对于青少年是十分重要的。记忆与大脑十分复杂，但并不神秘，了解他们的工作流程就能更好地加强自身学习潜质。

人的大脑是一个记忆的宝库，人脑经历过的事物，思考过的问题，体验过的情感和情绪，练习过的动作，都可以成为人们记忆的内容。例如英文学习中的单词、短语和句子，甚至文章的内容都是通过记忆完成的。

记忆的过程

从"记"到"忆"是有个过程的，这其中包括了识记、保持、再认和回忆4个过程。

所谓识记，分为识和记两个方面。先识后记，识中有记。所谓保持，是指将已经识记过的材料，有条理地保存在大脑之中。再认，是指识记过的材料，再次出现在面前时，能够认识它们。重现，是指在大脑中重新出现对识记材料的印象。这几个环节缺一不可。在学习活动中只要进行有意识的训练，掌握记忆规律和方法，就能改善和提高记忆力。

对于一些学习者来说，对各科知识中的一些基本概念、定律以及其他工具性的基础知识的记忆，更是必不可少。因此，我们在学习过程中，既要进行知识的传授，又要注意对自己记忆能力的培养。掌握一定的记忆规律和记忆方法，养成科学记忆的习惯，就能提高学生的学习效率。

及时复习才能记得更好

记忆有很多规律，如前面我们提到的艾宾浩斯遗忘曲线就是其中一个很重要的规律，我们可以根据这种规律进行及时适当的复习，适当过度学习，以使我们的记忆得以保持。

同时，也不可以一次记忆太多的东西，这就关系到记忆的广度规律。记忆力的广度性，指对于一些很长的记忆材料第一次呈现给你，你能正确地记住多少。记住的越多，你的记忆力的广度就越好。记忆的广度越来越大，记忆的难度就越来越大。如果你能记住的数字长度越长，你的记忆力的广度性就越好。

美国心理学家 G. 米勒通过测定得出一般成人的短时记忆平均值。米勒发现：人的记忆广度平均数为 7，即大多数人一次最多只能记忆 7 个独立的"块"，因此数字"7"被人们称为"魔数之七"。我们利用这一规律，将短时记忆量控制在 7 个之内，从而科学使用大脑，使记忆稳步推进。

　　综上所述，记忆与其他一切心理活动一样是有规律的。我们应积极遵循记忆规律，使用科学的记忆方法去进行识记，从而不断提高自己的学习效果，增强学习的兴趣。

改善思维习惯，打破思维定式

思维定式与思维习惯

思维定式就是一种思维模式，是头脑所习惯使用的一系列工具和程序的总和。

思维定式的特点

一般来说，思维定式具有两个特点：一是它的形式化结构；二是它的强大惯性。

思维定式是一种纯"形式化"的东西，就是说，它是空洞无物的模型。只有当被思考的对象填充进来以后，只有当实际的思维过程发生以后，才会显示出思维定式的存在，没有现实的思维过程，也就无所谓思维的定式。

思维定式的第二个特点是，它具有无比强大的惯性。这种惯性表现在两个方面：一是新定式的建立；二是旧定式的消亡。有时，人的某种思维定式的建立要经过长期的过程，而一旦建立之后，它就能够"不假思索"地支配人们的思维过程、心理态度乃至实践行为，具有很强的稳固性甚至顽固性。

人一旦形成了习惯的思维定式，就会习惯地顺着定式的思维思考问题，不愿也不会转个方向、换个角度想问题，这是很多人都有的一种愚顽的"难治之症"。

比如看魔术表演，不是魔术师有什么特别高明之处，而是我们的思维过于因袭习惯之式，想不开，想不通，所以上当了。比如人从扎紧的袋里奇迹般地出来了，我们总习惯于想他怎么能从布袋扎紧的上端出来，而不会去想想布袋下面可以做文章，下面可以装拉链。

人一旦形成某种思维定式，必然会对记忆力产生极大的影响。因为，思维定式使学生以较固定的方式去记忆，思维定式不仅会阻碍学生采用新方法记忆，还会大大影响记忆的准确性，不利于记忆效果和学习成绩的提高，例如，很多人都认为学习时听音乐会影响学习效果，什么都记不住，可事实上，有研究表明，选好音乐能够开发右脑，从而提高学习记忆效率。因此，青少年在学习记忆的过程中，应有意识地打破自己的思维定式。

突破你的思维定式

那么，如何突破思维定式呢？我们可从以下几个方面入手：

突破书本定式

有位拳师，熟读拳法，与人谈论拳术滔滔不绝，拳师打人，也确实战无不胜，可他就是打不过自己的老婆。拳师的老婆是一位不知拳法为何物的家庭妇女，但每每打起来，总能将拳师打得抱头鼠窜。

有人问拳师："您的功夫都到哪里去了？"

拳师恨恨地说："这个死婆娘，每次与我打架，总不按路数出招，害得我的拳法都没有用场！"

拳师精通拳术，战无不胜，可碰到不按套路出招的老婆时，却一筹莫展。

"熟读拳法"是好事，但拳法是死的，如果盲目运用书本知识，一切从书本出发，以书本为纲，脱离实际，这种由书本知识形成的思维定式反而使拳师遭到失败。

"知识就是力量"。但如果是死读书，只限于从教科书的观点和立场出发去观察问题，不仅不能给人以力量，反而会抹杀我们的创新能力。所以学习知识的同时，应保持思想的灵活性，注重学习基本原理而不是死记一些规则，这样知识才会有用。

突破经验定式

在科学史上有着重大突破的人，几乎都不是当时的名家，而是学问不多、经验不足的年轻人，因为他们的大脑拥有无限的想象力和创造力，什么都敢想，什么都敢做。下面的这些人就是最好的例证：

爱因斯坦 26 岁提出狭义相对论；

贝尔 29 岁发明电话；　·

西门子 19 岁发明电镀术；

巴斯噶 16 岁写成关于圆锥曲线的名著……

突破视角定式

法国著名歌唱家玛迪梅普莱有一个美丽的私人林园，每到周末总会有人到她的林园摘花、拾蘑菇、野营、野餐、弄得林园一片狼藉，肮脏不堪。管家让人围上篱笆，竖上"私人园林禁止入内"的木牌，均无济于事。玛迪梅普莱得知后，在路口立了一些大牌子，上面醒目地写着："请注意！如果在林中被毒蛇咬伤，最近的医院距此 15 千米，驾车约半小时方可到达。"从此，再也没有人闯入她的林园。

这就是变换视角，变堵塞为疏导，果然轻而易举地达到了目的。

突破方向定式

萧伯纳（英国讽刺戏剧作家）很瘦，一次他参加一个宴会，一位大腹便便的资本家挖苦他："萧伯纳先生，一见到您，我就知道世界上正在闹饥荒！"萧伯纳不仅不生气，反而笑着说："哦，先生，我一见到你，就知道闹饥荒的原因了。"

"司马光砸缸"的故事也说明了同样的道理。常规的救人方法是从水缸上将人拉出，即让人离开水。而司马光急中生智，用石砸缸，使水流出缸中，即水离开人，这就是逆向思维。逆向思维就是将自然现象、物理变化、化学变化进行反向思考，如此往往能出现创新。

突破维度定式

只有突破思维定式，你才能把所要记忆的内容拓展开来，与其他知识相联系，从而提高记忆效率。

第七节

有自信，才有提升记忆的可能

自信为提升记忆提供了可能

自信，在任何时候都十分重要。古人行军打仗，讲求一个"势"字，讲求军队的士气、斗志，如果上自统帅，下至走卒都有一股雄心霸气，相信自己会在战斗中取胜，那么，他们就会斗志昂扬。

最重要的是，这样的"自信之师"是绝不会被轻易击垮的。有无自信，往往在一开始就注定了该事的成败。记忆也离不开自信，因为它是意识的活动，它的作用明显地取决于人的心理状况。这是因为人在处理事情时思维是分层的，由下到上包括环境层、行为层、能力层、信念层、身份层，很多事情的焦点是在身份上的。两个人做一件事效果可以千差万别，这是因为他们对自己的身份定位决定了一切。

人的行为可以改变环境，而获得能力可以改变行为模式，但如果没有信念，就不容易获得能力。记忆力属于能力层，如果要做改变，就要从根本上改变身份和信念。在这个层次塔中，上面的往往容易解决下面的问题，如果能力出现问题，从态度上改变，能力的改变就会持久。如果不能从信念上根本改变，即使学会了记忆方法，也会慢慢淡忘不用。

一名研究人类记忆力的教授曾说："一开始的时候，对于要记忆的东西，我自信能记住。然而不久我就发现，事实并非如此。我总是试图记住所有的资料，但从未如愿过，甚至能牢记不忘的部分也越来越少了。这时，我就不由得产生了怀疑：我的记忆力是不是不够好呢？我是不是只能记住一丁点儿的东西而不是全部呢？能力受到怀疑时，自信心自然也就受到创伤，态度便不再那么积极了。再次记忆的时候对记不记得住、能记得住多少，就没什么底了，抱着能记多少就记多少的态度，结果呢？记住的东西更少了，准确度也差了。而且见了稍多要记忆的东西就害怕，记忆的效果自然就越来越低。没了自信，就没了那一股气。兴趣没有了，斗志没有了，记忆时似散兵游勇般弄得对自己越来越没自信。不相信自己能记住，往往就注定了你记不住。"

自信怎样才能保持下去

那么，这股自信应该建立在怎样的基础上呢？它要怎样培养并保持下去呢？关键就在于如何在记忆活动中用自信这股动力来加速记忆。

某位心理学专家说："自信往往取决于记忆的状况，取决于东西记住了多少。如果每次都能高质量地完成，自信心就会受到鼓舞而得到增强，并在以后发挥积极作用；反之，自信心就会逐渐减弱，甚至最后信心全无。"

　　因此，树立记忆自信的关键就在于：决心要记住它，并真正有效地记住它。

培养兴趣是提升记忆的基石

培养兴趣至关重要

德国文学家歌德说："哪里没有兴趣，哪里就没有记忆。"这是很有道理的。兴趣使人的大脑皮层形成兴奋优势中心，能进入记忆最佳状态，调动大脑两个半球所有的内在潜力，充分发挥自己的创造力与记忆的潜能。所以说，"兴趣是最好的老师"。

达尔文的亲身感受

达尔文在自传中写道："就我在学校时期的性格来说，其中对我后来发生影响的，就是我有强烈而多样的兴趣，沉溺于自己感兴趣的东西，深入了解任何复杂的问题。"

达尔文的事例说明，兴趣是最好的学习记忆动力。我们做任何事情，都需要一定的兴趣，没有兴趣去做，自然就很难做好。记忆有时候是一件很乏味甚至很辛苦的事，如果没有学习兴趣，不但很难坚持下去，而且其效果也必然会大打折扣。

兴趣可以让你集中注意力，暂时抛开身边的一切，忘情投入；兴趣能激发你思考的积极性，而且经过积极思考的东西能在大脑中留下思考的痕迹，容易记住；兴趣也能使你情绪高涨，可以激发脑肽的释放，而生理学家则认为，脑肽是记忆学习的关键物质。

英国戏剧大师莎士比亚天生就迷恋戏剧，对演戏充满了兴趣。他博闻强识，很快就掌握了丰富的戏剧知识。有一次，一个演员病了，剧院的老板就让他去当替补，莎士比亚一听，乐坏了，他用了不到半天的时间，就把台词全背了下来，演得比那个演员还好。

德国大音乐家门德尔松，在他 17 岁那年，曾经去听贝多芬第九交响曲的首次公演。等音乐会结束，回到家里以后，他立刻写出了全曲的乐谱，这件事震惊了当时的音乐界。虽然我们现在对贝多芬的第九交响曲早已耳熟能详，可在当时，首次聆听之后，就能记忆全曲的乐谱，实在是一件不可思议的事。

门德尔松为什么会这么神奇？原因就在于他对音乐的深深热爱。

兴趣促进了记忆的成功，记忆上的成功又会提高学习兴趣，这便是良性循环；反之，对某个学科厌烦，记忆必定失败，记忆的失败又加重了对这一学科的厌烦感，形成恶性循环。所以善于学习的人，应该是善于培养自己学习兴趣的人。

对记忆保持兴趣

那么，如何才能对记忆保持浓厚的兴趣呢？以下几种建议，我们不妨去试一试：

（1）多问自己"为什么"；

（2）肯定自己在学习上取得的每一点儿进步；

（3）根据自己的能力，适当地参加学习竞赛；

（4）自信是增加学习兴趣的动力，所以一定要相信自己的能力；

（5）不只是去做感兴趣的事，而要以感兴趣的态度去做一切该做的事。

不仅如此，我们还要在学习和生活中积极地去发现、创造乐趣。

如果你想知道苹果好不好吃，就不能单凭主观印象，而应耐着性子细细品尝，学习的时候也一样。背英文单词，你会觉得枯燥无味，但是坚持下去，当你能试着把课本上的中文翻译成英语，或结结巴巴地用英语同外国人对话时，你对它就会有兴趣了。

在跟同学辩论的时候，时而引用古人的一句诗词，时而引用一句名言，老师的赞赏和同学们的羡慕，会使你对读书越来越有兴趣。

我们还可以借助想象力创造兴趣，把枯燥的学习材料变得好玩又好记。

第九节

观察力是强化记忆的前提

观察力不可忽视

我们都有这么一个经验，当我们用一个锥子在金属片上打眼时，劲使得越大，眼就钻得越深。

记忆的道理也是如此，印象越深刻，记得就越牢固。深刻的事件、深刻的教训，通常都带有难以抹去的印痕。如你看到一架飞机坠毁，这当然是记忆深刻的；又如你因为大意轻信了某人，被骗去最心爱的东西，这也容易记得深刻。

但生活中许多事情并不是这样，它本身并没有什么动人的场面和跌宕的变化，我们要想从主观上获得强烈的印象，就要靠细致地观察。

观察能力是大脑多种智力活动的一个基础能力，它是记忆和思维的基础，对于记忆有着决定性的意义。因为记忆的第一阶段必须要有感性认识，而只有强烈的印象才能加深这种感性认识。眼睛接收信息时，就要把它印在脑海里。对于同一幅景物，婴儿的眼和成人的眼看来都是一样的，一个普通人及一个专家眼中所视的客体也是一样的，但引起的感觉却是大相径庭的。

达尔文曾对自己做过这样的评论："我既没有突出的理解力，也没有过人的机智。只是在觉察那些稍纵即逝的事物并对其进行精细观察的能力上，我可能在众人之上。"

我们应该向达尔文学习，不管记忆最终会产生什么效果，前提是一定要进行仔细地观察，只有这样做才能在脑海中形成深刻的印象。而认真观察的先决条件，就是必须有强烈的目的。

我们观察某一事物时，常常由于每个人的思考方式不同，每个人观察的态度与方法及侧重点也不同，观察结果自然也不同，这又使最后记忆的结果不同。

随时训练你的观察力

在日常生活中，你可以经常做一些小的练习训练你的观察力，譬如读完一篇文章后，把自己读到的情节试着记录下来，用自己的语言将其中的场面描绘一番。

这样你就可以测试自己是否能把最主要的部分准确地记录下来，从而在一定程度上锻炼自己的观察力，这种训练可以称之为"描述性"训练。为达到更好的训练效果，我们应该在平时处处留心，比如每天会碰到各种各样的人，当你见到一个很特别的人之后，不妨在心里描绘那人的特点。

或者，在吃午饭时我们仔细地观察盘子，然后闭上眼睛放松一会儿，我们就能运用记忆再复制的能力在内心里看到这个盘子。

一旦我们在内心看到了它，就睁开眼睛，把"精神"的盘子和实际的盘子进行比较，然后我们再闭上眼睛修正这个图像，用几秒钟的时间想象，然后确定下来，那么就能立刻校正你在想象中可能不准确的地方。

训练观察力的注意事项

（1）不要只对刚刚能意识到的一些因素发生反应，因为事物的组成是复杂的，有时恰恰是那些不易被人注意的弱成分起着主导作用。如果一个人太过拘泥于事物的某些显著的外部因素，观察就会被表象所迷惑，深入不下去。

（2）不要只是对无关的一些线索产生反应，这样会把观察、思维引入歧途。

（3）不要为自己喜爱或不喜爱之类的情感因素所支配。与自己的爱好、兴趣相一致的，就努力去观察，非要搞个水落石出不可；反之，则弃置一旁。这样使人的观察带有很大的片面性。

（4）不要受某些权威的、现成的结论的影响，以至于我们不敢越雷池半步，甚至人云亦云。这种观察毫无作用。

想象力是引爆记忆潜能的魔法

想象力引爆记忆潜能

为什么说想象力是引爆记忆潜能的魔法呢？

这是因为，客观事物之间有着千丝万缕的联系。如果我们通过想象把反映事物间的那种联系和人们已有的知识经验联系起来，就会增强记忆。

可以说，一个人的想象力与记忆力之间具有很大的相关性。如果一个人的想象力非常活跃，那么他往往很容易具备强大的记忆力，即良好的记忆力往往与强大的想象力联系在一起。

而想象通常与具体的形象联系在一起。比如，爱的象征是一颗心，和平的象征是鸽子等。

在记忆中，我们经常会碰到这样的情况：由于某样要记的东西对自己没有多大的实际意义，因此，也就没有什么兴趣去理解，此时只有靠死记硬背了，如电话号码、某个难读的地名译音。而死记硬背的效果是有限的，这时，你不妨运用一下想象力。

柏拉图这样说过："记忆好的秘诀就是根据我们想记住的各种资料来进行各种各样的想象……"

想象无须合乎情理与逻辑，哪怕是牵强附会，只要对你的记忆有作用，就可以运用。比如你要记住你所遇到的某人的名字，那么，也可用此法。

爱迪生的朋友在电话中告诉他电话号码是 24361，爱迪生立刻记住了。原来他发现这是由两打加 19 的平方组成的，所以一下子就记住了。当然这种联想要有广博的知识作为基础。

当我们有意锻炼自己的想象力时，不要担心自己大胆的、甚至是愚蠢的想象，更不要怕因此而招来的一些讽刺，最重要的是要让这些形象在脑中清清楚楚地呈现，尽力把动的图像与不同的事物联系起来。想象力不但可以使我们记忆的知识充分调动起来，进行综合，产生新的思维活动，而且只要经常运用想象力，你的记忆力就会得到很大的改善，知识也比以前记得更牢固。

程序训练，提升速度记忆的锦囊

运用程序训练提升记忆力

程序阅读指的是按照一定的固定程序来进行阅读训练。大脑具有对信息选择吸收的特征，在处理这些信息时，我们的大脑同样有相应严格的程序。

大脑能否采用简单有效的方法，对获得的资讯重新编码是速读记忆的关键所在，固定程序阅读方法，正好符合这一特点。

程序阅读一般就是按照以下的两个步骤来阅读：

浏览内容

内容一般分为 7 个部分：

（1）文章或书的题目；

（2）文章或书的作者；

（3）出版者与出版时间；

（4）文章或书的主要内容；

（5）文章或书反映的重要事实；

（6）写作特点或者具有争议之处；

（7）新的思想以及启示。

速读正文

这一部分是核心内容。

（1）速读内容，抓住大意，注意力高度集中，选择哪些地方详读，哪些地方略读。详读的地方也要快速，但这种读千万不要以损害质来取量。

（2）速读和快速思考紧密结合，不能只读不理解，也不能只理解，放慢了速度，既要有量又要有质。

（3）让速读、记忆和思考三位一体，读有所得，读有所记，最好是把阅读内容和自己的知识结构组合起来，产生共鸣，这是速读的理想境界。

（4）总结。对速读的内容进行总结、整理、加工、记忆、存储，把零散知识变成自己知识体系的一部分，可以从中得到心得体会和成果，还可以把它们写下来，必要的时候便于查找。

良好的固定程序阅读习惯，可以极大地提高我们的阅读能力，在遇到比较艰深的内容时，也可以顺利阅读和记忆，只是在阅读过程中，应当尽量避免回读，在必须回读的时候，可以在完成之后再进行。

导引训练，通往速读记忆的大道

导引阅读可以用来帮助人们纠正某些读书出声、视点回归的不好习惯。并能加强理解、记忆等。

正向导引

运用正向导引时，手指移动的时候视线跟着移动，但注意头不要随着转动。具体可以按下面的方法来训练：①眼睛跟着手指往下移，手指要在文字的下方，不影响视线，手指移动的速度要和眼球移动的速度同步，不要一快一慢。②阅读一页结束的时候手指将要移往下页的开始部分，这时可以用左手来引导阅读，右手翻卷书页，也可以换只手来做，即用右手引导，左手翻书页。自己觉得怎么方便、顺手就怎么来，但要两手配合使用。③眼睛随着手动，眼睛可以阅读手指左侧的文字，也可以阅读右侧的文字，也可以阅读上方的文字，但不宜阅读下方的文字。④手指在导引阅读中碰到疑难问题时，速度可以降下来，让大脑在这些问题上有时间来加工处理。⑤手指导引阅读尽可能避免漏字、漏词和漏词组等。⑥速度由慢到快，最后可以快速导引。

反向导引

反向导引是一种非常特殊的训练方法，反向导引训练就是用手指从向右进行导引。但也并不是说每一行都是从右到左反着来，而是在读上一行结尾时视线不要回到左侧，而是移动至下一行从右到左，到了左端之后，往下再从左到右，到右端之后，再往下从右到左，让视线在阅读材料时呈"3"状移动。反向导引训练节约了眼睛的来回运动，每动一次都没有落空，也就大大节约了阅读时间，提高了阅读速度。人们在这样训练的时候可能会很不习惯，做起来也不方便，由于这样打破了传统，又打破了文字从左到右排列顺序和从左到右展开的格局。因此青少年应该多多练习。一旦养成了习惯之后，这种阅读并不会损害理解力，而且还能够帮助人们更加集中注意力，进一步理解和加深记忆。

第五章

快速练就超级记忆的技巧

字钩记忆法

关于字钩记忆法

　　字钩记忆法主要用于记忆许多抽象的词、词组和短文，指的是将记忆内容中的一个或几个最有特点，并且能和整体联系的字，单独提出来，进行重新排列和整理。在这种情况下，只要记住字钩，就能够记住所有内容。

　　字钩记忆法的主要作用是减轻大脑的负担。虽然人的记忆容量是无限的，但是一定时间内输入过多需要记忆的信息也会使大脑超负荷运行，造成大脑的疲劳，产生一定的负担，导致记忆效果的降低和记忆力下降。碰到这种情况，我们可以把记忆的内容简化，争取通过记忆很少的内容，达到记忆更多的信息的效果，以达到减轻大脑负担的目的，字钩记忆法就具有这样的特点和效果。

字钩记忆法的产生是人们合理利用大脑的自觉记忆和潜记忆的结果。潜记忆是人们普遍存在的一种记忆现象，它储存了人们平时记忆的大多数信息，只要大脑接收到相应的刺激，潜记忆中记忆的信息就会自动再现出来。字钩就是刺激潜记忆中信息再现的重要工具和手段。

字钩记忆法的运用

在运用字钩记忆法时，人们会把字钩记忆在自己的自觉记忆中，使字钩变成人们的永久性记忆，而其他信息则储存在潜记忆当中。当人们需要完整的信息时，就调出字钩，用字钩刺激潜记忆中的信息的再现。这样，人们只需要用大脑去记忆字钩，而潜记忆中的信息并不会对人们的大脑造成负担，一个轻松的大脑还可以接受各种各样的其他信息，从而提高记忆效率，增强记忆力。

字钩记忆法的用途非常广泛，比如我们都知道金庸写了15部作品，其中的14部作品是《飞狐外传》《雪山飞狐》《连城诀》《天龙八部》《射雕英雄传》《白马啸西风》《鹿鼎记》《笑傲江湖》《书剑恩仇录》《神雕侠侣》《侠客行》《倚天屠龙记》《碧血剑》《鸳鸯刀》。我们现在记忆这14部作品的方法是一副对联：飞雪连天射白鹿，笑书神侠倚碧鸳，如果再加上横批的《越女剑》，就能把金庸的所有作品都包括在内。这副对联中，每个字代表的都是一部作品，我们能通过这14个字就把所有作品都回忆出来，这就是典型的字钩记忆法。当然，字钩记忆法并没有规定必须用全部信息内容的第一个字作为字钩，而是要选择最有代表性、最顺口、让人们提取其他信息最方便的字。

在我们平常运用字钩记忆法进行记忆时，最好是和前面我们记忆那些金庸的作品一样，把所有的字钩排列成有意义的并且通顺的句子，这种做法比把字钩排列成一连串无意义的文字记忆效果要好。但是很多时候我们提取出来的字钩不允许被调换顺序或者组合起来不能够变成有意义的句子，这时候我们可以用和字钩同音或谐音字代替的方法进行替换，达到方便我们记忆的效果。比如说要记忆我国的内蒙古、新疆、青海、西藏这四个主要的大牧区，就可以用"内新青西"来代替，但是"内新青西"并没有什么实际意义，这是后我们可以把新换成心、把青换成清、把西用晰代替，得到的结果是"内心清晰"，这样就变得有意义并且方便我们记忆。

有时候，我们在一段很长的信息内容中得到的字钩字数是很多的，这种情况下我们要学会对由字钩组成的句子进行合理地断句处理。研究表明，字钩组合的句子最好不要超过七个字，超过七个字，人们的记忆效率就会变低。因此，如果字钩组合超过七个字，就一定要进行有利于记忆的划分，但是一定要注意节奏的对称。

字钩记忆法的重点是在字钩的选择上，因此，必须仔细思考究竟选择哪些字作为字钩，同时在做出选择后，一定要仔细检查，如果发现我们所选择的字钩并不能有效帮助我们记忆，那么就应该马上对字钩进行更换，以免不利于我们对信息内容的记忆。

理解记忆法

关于理解记忆法

理解是记忆的基础，对各种信息和事物的深刻理解有助于记忆的提高。我们要想记住某些信息，就必须理解这些信息所具有的意义。没有被理解的信息，即使被储存到了记忆当中，也很难被回忆出来。

著名的心理学家巴特雷特曾经做过一个实验，他让被测者读一个故事，然后要求被测者回忆那个故事。巴特雷特发现被测者在回忆故事时并没有按照之前读的内容进行回忆，而是按照自己的方法进行回忆，并且有几个普遍的倾向：第一是故事会变得更短；第二是故事会变得更清晰，结构也更紧凑；第三是被测者做出的改变，与他们初次听到故事时的反应和情感是相互匹配的。巴特雷特认为这样的结果说明被测者的记忆系统中只保留了一些突出的细节，而剩余的部分则是根据自己的情感对原始时间的精细化和重构。简单地说，被测者回忆出来的故事，是把自己理解的主要内容用自己的语言表达了出来，这说明人们记忆最深刻的是自己理解的信息。

事实证明，我们对事物的理解越深刻，事物就越容易被记忆，保存的时间也越长。我们理解事物主要是理解事物的内部关系和规律，在理解的基础上进行分析和综合，并且与大脑中的其他经验、信息和资料建立一定的牢固联系，所以才不容易遗忘。

加强对记忆材料的理解

在记忆的过程中，我们该如何加强对记忆材料的理解呢？

第一，积极思考，了解概要。思考是大脑思维的重要活动，通过思考，人们才能对各种各样的信息加深理解。在大脑内部已经存在知识的基础上，通过积极的思考对记忆材料进行理解，能够让人们明白记忆材料所表达的大致意思。这样能让人们知道自己为什么要记忆某个材料，使人们拥有记忆的动力。

第二，逐步分析，找到记忆材料的关键。分析主要是为了找到记忆材料之间相互联系的部分，从而找到记忆材料的重点和主要内容。在理解记忆材料整体的基础上理解主要内容和重点，更有助于人们记忆。

第三，直观形象，融会贯通。把记忆材料变成直观的形象，更容易人们加深对记忆材料的理解和记忆。例如把记忆材料之间的关系用图表、实物、模型、图片等方式表现出来，能够让人们对记忆材料之间的联系一目了然，使人们对记忆材料的了解更全面。比如人们统计某件事情得到了很多数据，如果把这些数据凌乱地写在纸上，人们看过之后可能会很难理解，如果用图表的方式把数据罗列出来，人们就能一目了然，理解起来很方便也很轻松。

第四，运用到实践当中。实践是检验真理的唯一标准，我们所记忆的所有知识，都是用来为生活服务的，都是用来指导实际问题的。经常把记忆系统中的信息在实践当中运用，能够让我们对记忆信息的认知更加深刻，理解更加深刻，也能够深化和巩固记忆。实际上记忆和理解的关系非常密切，它们相辅相成，记忆离不开人们对记忆材料的理解，对材料的理解来源于人们的积极思考，思考的越多，理解的就越多，记忆的就越多。

理解记忆法并不是万能的，每个人自身的知识积累和经验不同，对于材料的理解能力也不同，用理解记忆法的效率和效果也不同。另外，材料的理解是一个过程，理解也不是绝对的理解，有时候人们对一些记忆材料会完全无法理解，这种情况下再用理解记忆法就没有任何效果，必须要把机械记忆法等其他的一些方法和理解记忆法进行结合，扬长避短，共同进行记忆活动，这样才能最有效地加深人们的记忆力。

第三节

概括记忆法

概括记忆法可以促进记忆效率

概括记忆法就是通过对记忆材料精心提炼、概括和简化，来抓住材料的重点进行记忆的方法。概括记忆对提高记忆效率有重大的作用，大多适用于记忆内容较多、较系统和复杂的材料以及社会科学知识。

记忆材料是多种多样的，很多记忆材料不但内容多，而且内容复杂，并且有很多无意义的内容掺杂在我们需要记忆的内容之中。这样的材料，我们没有必要全部记住，但是又不知道到底该记忆哪些部分，因此会对我们的记忆活动造成很大的困难。这种情况下，我们就必须要找到记忆材料的核心部分，抓住材料的重点和主要内容，集中精力进行记忆，这样才能够更好地记忆复杂的材料。比如说要记忆我们国家所有的省、自治区、直辖市和特别行政区的名字，就可以对它们进行一下概括，如概括成"两湖两广两河山，五江云贵陕青甘，西四二宁福吉安，内台海北重上天，还有港澳好河山"这样五个诗句。在这五个诗句中，我们国家的所有省、直辖市、自治区和特别行政区都包含在内，其中"两湖"指的是湖南和湖北，"两广"指的是广东和广西壮族自治区，"两河山"指的是河南、河北、山东、山西，"五江"是指黑龙江、江苏、江西、浙江、新疆维吾尔自治区，"云"是云南，"贵"是贵州，"陕"是陕西，"青"是青海，"甘"是甘肃，"西"是西藏自治区，"四"是四川，"二宁"是指宁夏回族自治区和辽宁，"福"是福建，"吉"是吉林，"安"是安徽，"内"是内蒙古自治区，"台"是台湾，"海"是海南，"北"指北京，"重"指重庆，"上"是上海，"天"是天津，还有"港澳好河山"就是香港特别行政区和澳门特别行政区。人们应该能明显地感觉到，通过这几句诗对我们国家的所有省级单位进行记忆要比把这些分开单独记忆效果要好得多，这就是概括的好处。

思维能力和概括能力的协同合作

概括记忆法要求人们具有非常强的思维能力和概括能力，只有这样才能对记忆材料进行充分的分析、思考和研究，才能提炼出记忆材料中的核心和精华部分。因此，运用概括记忆法，必须先锻炼自己的思维能力和把握材料的能力。人们必须要通过思考和分析找到材料的关键部分和大概意思，不能把注意力集中在一些不需要记忆的细枝末节上。要让自己的思维具有选择性和跳跃性，选准关键点去思考和记忆。还要根据不同的材料选择不同的概括方法，让材料在保存核心思想的基础上得到最大限度的减少，以减轻记忆负担。概括的方法主要有内容概括、主题概括、按顺序概括等。内容概括主要是抓住记忆材料的关键性词句和主要情节；主题概括主要是抓住记忆材料的主题和要领；按顺序概括是指突出材料的顺序性，或者是用容易回想起来的数字概括材料，比如三个代表等。很多时候，集中概括方法需要结合在一起进行使用才能更好地概括整个记忆材料，这需要人们根据实际情况进行最佳的选择和组合。

记忆力测试

1. 认真观察右图 30 秒钟，然后盖上它。

2. 现在回答下面的问题。

（1）冰箱上面的柜子里有几个瓶子？

（2）钟表显示的时间是几点？

（3）冰箱的门上有几个冰箱贴？

（4）这个房间有几扇窗户？

（5）桌子上在水果碗的旁边摆的是什么？

分类记忆法

什么是分类记忆法

　　人们在记忆较多的信息时，为了有效地提高记忆效率和记忆效果，通常会对记忆材料进行重新组织和分类编组，这种方法叫作分类记忆法，也叫系统记忆法。

　　对信息的分类，是指按照信息的某些本质或非本质的特征，找到记忆材料之间的共同点，将记忆材料进行科学的排列和组合，从而把零碎和分散的信息集中在一起，把杂乱无章的信息变得有条理。经过分类的信息，会变得更加概括化、条理化和系统化，减轻大脑的负担，提高人们的记忆效率。

　　想要让记忆变得更有效率，就必须将输入到大脑中的信息进行分类和整理，并且构建成系统。外界输入到大脑中的信息，有很多是需要人们记忆的。但是，这些信息并不会按照人们喜欢的方式进入大脑中，也不会为了适应人们的记忆特点而有条理地进入大脑中，而是所有信息结合在一起，没条理、没规律、杂乱无章地输入。处于这样一种状态下的信息，如果不进行任何处理就直接去记忆，可能会有一定效果，但是绝对不可能把信息全部记住，同时也很容易造成大脑疲劳，对记忆效果产生严重的影响。在这种情况下，必须对信息进行有效的加工编码，重新、系统地进行组织和分类，从而促进记忆，提高记忆效率。

分类记忆法是如何提高记忆效率的

为什么经过分类之后的信息，会更方便人们记忆，并且能提高记忆效率呢？

第一，分类记忆法的基础是脑神经生理学。对信息进行分类，主要目的是为了让信息变得更加系统。脑神经生理学认为，记忆系统性的信息，能够在大脑中形成系统化的暂时神经联系，而零散性的信息，只能在大脑中形成个别的、独立的神经联系。相比较而言，系统性的神经联系会让人们的记忆变得更快、更有效率。

第二，分类后的信息更方便人们进行联想。想象力是记忆的来源，通过联想，人们能够在信息之间建立一定的联系，从而帮助人们记忆。而把信息进行分类，恰恰就能够让人们在进行联想时更轻松。举个例子来说，假如人们需要记忆香蕉、毛巾、狮子、电视、冰箱、牙刷、苹果、老虎、香皂、洗衣机、豹子、沐浴露、橙子、狗熊、电饭锅、橘子这 16 个词语，如果不对这些信息进行改变，只是按顺序去记忆这些词语，那么人们很可能只能记住 7 个左右的词语。因为每一个词语都相当于是一个组块，这些词语进入大脑中主要储存在短时记忆当中，但是短时记忆只能容纳 7 个组块的容量，我们记忆的内容不可能超过这个容量。这时候，就可以把这些词语进行分类，根据各种具体事物之间的联系，这 16 个词语总共可以分为 4 类，其中苹果、香蕉、橘子、橙子属于水果类，毛巾、牙刷、香皂、沐浴露属于卫生用品类，老虎、狮子、豹子、狗熊属于动物类，电视、冰箱、洗衣机、电饭锅属于家用电器类。这样分类之后，原来的 16 个单独的组块就变成了 4 个大的组块，而短时记忆中储存的组块数量虽然有限，但是每个组块的大小却没有任何限制，因此，4 个组块很方便人们进行记忆。同时，当人们需要回忆这些词语的时候，由于相互联系的词语是共同记忆的，因此只要回忆起其中的一个词语，就一定能够想起另外几个，这也是对人们记忆能力的一种提高。

第三，分类是信息编码的一种主要方式。输入到大脑中的信息想要变成人们的记忆，就必须要先进行编码。分类作为信息编码的一种主要方式，自然有助于人们的记忆活动。

第四，分类本身就是记忆过程中应该遵循的一条重要原则。人们记忆信息的目的最终是要为日常的生活、工作和学习服务。如果人们直接去记忆那些杂乱无章的信息，非常麻烦，甚至有时候会比人们在日常生活、学习和工作中遇到的问题还要麻烦，如果是这样，人们进行记忆活动还有什么意义呢？所以，一定要把信息进行分类之后再记忆，这样就能够省去人们很多麻烦。

当然，分类也不是随便怎么分都可以的，如果分类之后的信息依然杂乱无章，对人们的记忆没有任何的帮助。想要让分类后的信息真正帮助人们记忆，就必须在分类时遵循同类相属、异类相别的原则；找准信息之间的本质和非本质的联系和特征，根据这些特征，将信息进行分类、分科、分项。

分类记忆应坚持的原则

那么，分类记忆要坚持怎样的原则呢？

首先，信息分类之后的数量最好不要超过 7 个。短时记忆是人们在记忆的过程中不可缺少的阶段，但是，短时记忆的容量毕竟只有 7 个组块，因此，想要让记忆变得更有效率，分类时就不要超过 7 个组。

其次，要对信息有充分的理解。分类是需要遵循信息之间的联系和特征的，而理解信息，主要就是为了找出信息之间的联系和特征。因此，对信息理解得越深刻，人们对信息进行分类时就越轻松，记忆也就越有效率。

再次，要准确选择分类的依据。不同信息之间的相同特征和联系可能有很多，但是，却并不都适合作为分类的标准，必须要根据记忆信息的数量和种类，寻找到信息之间最鲜明、最有特点的内在和外在的联系，以此作为信息分类的依据。当然，如果想要达到最佳的记忆效果，最好还是按照事物的内在联系来对信息进行分类。

在分类记忆的时候，并不一定非要把有联系的信息放在一起进行记忆，很多时候可以把一段有顺序的信息从中间划分成几个部分，比如说人们记忆电话号码或者是其他的一些号码时，通常就会把号码分成几个部分，每个部分中包含着几个数字这样去记忆，而不是单独记忆每个数字。这其实也是一种对信息进行分类的方法。

事实证明，分类记忆对于人们识记信息以及在大脑中提取信息都有重要的帮助。经常运用分类记忆的方法，不但能使大脑中的知识系统化，同时也能够使人们的大脑科学化，对人们养成科学的思维习惯有重大的帮助。

第五节
形象记忆法

形象感知是记忆的根本

形象记忆法就是通过对信息和一些具体形象之间的联想，来帮助人们记忆信息的办法，它是形象联想原则的实际应用。形象记忆法能够核实人们要记住的每件事物。

什么是形象记忆

想要了解形象记忆法，必须先要清楚什么是形象记忆。形象记忆的主要内容，是人们自己感知过的事物的具体形象。比如说我们想要记住一个人，就需要记住这个人的具体形象，包括容貌、仪态；想要记住一种水果，就需要记住水果的颜色、形状、味道等。注意，必须记住一些具体直观的形象，才能够记住这些事物。形象记忆是随着人们形象思维的发展而发展的，和形象思维有着十分密切的联系。形象记忆以视觉形象和听觉形象为主，当然，由于人们从事的职业不同，一些特殊职业的人，在嗅觉等其他方面的形象记忆，也能够达到一定的高度。

形象记忆主要是针对一些抽象的记忆材料和事物，它也是一种常用的记忆方法。当然，用形象记忆的方法去记忆抽象的信息，有很重要的一个前提条件，那就是把抽象的信息形象化。

形象化就是指把记忆材料和事物，同人们能够看到的图像联系起来，把复杂的记忆材料和事物转化成图片或者图表的形式。一般来说，具体的图像比抽象的观点和理念更不容易忘记，就像我们听别人说一个人和我们真正见过一个人，产生的印象是不同的道理一样，我们对自己用眼睛看到过的人印象会更深刻。

事实上，这里所说的形象记忆法，主要应用在记忆抽象的记忆

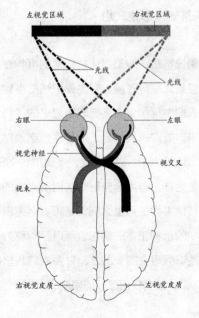

材料。这种方法主要有三个好处：第一，让人们在记忆事物和信息时更有秩序，避免因为混乱和毫无章法的记忆，造成人力和物力上的损失，比如因为没有记住某个地点而造成的东奔西跑的情况，会导致金钱和资源的浪费；第二，有助于人们记住一个完整过程的各个阶段，就像是做一件事情第一步要做什么、第二步要做什么等一样；第三，是能够减少自己的担心，很多时候，对某些事情记忆不清楚，会导致人们心绪不宁，比如说人们早晨出门一段时间之后，可能会突然想不起来自己早晨离家的时候，到底有没有关门。这些其实都是一些没必要的担忧，如果知道在大脑我们能用形象记忆法记住这些事情，那么当我们需要回忆信息的时候，就只要回忆大脑中有没有信息的图像，这样就能够免除那些不必要的担心。

形象记忆法的基础是形象联想

要运用形象记忆法，必须要让被记忆的事物在大脑中形成一个清晰的形象。但是，很多时候人们需要记忆的事物并没有具体的形象，这就需要人们发挥想象力，把需要记忆的事物和已经知道的事物形象联系起来。或许有人认为，这种联想必须建立在一定的逻辑关系的基础上，比如太阳，就应该把它联想为一个圆形的事物。但是事实上并不是这样，运用形象记忆法时所进行的联想，完全不用去考虑信息和具体事物的形象之间，是否具有逻辑关系，它不一定是在人们印象中的那种正常的联想，可以是滑稽的，也可以是可笑的，甚至可以是牵强附会的。总之，只要人们联想出来的东西对人们记忆信息有帮助，没有任何形式的限制。

所有的记忆方法、记忆手段和记忆策略的目的，都是为了让人们的记忆不出现漏洞，形象记忆法也是一样。虽然形象记忆法的使用方法很简单，大多数人都可以应用，但是如果在使用时受到一些意外因素的影响，形象记忆法是不能起到帮助人们记忆的效果的。因此，在运用形象记忆法时，有几点重要的注意事项。

第一，形象联想可能是没有任何逻辑关系的，因此对于人们大脑中的那些不合理的、稀奇古怪的、不合逻辑的联想，不应该拒绝和排斥。在现实生活中，一些不符合实际情况和逻辑关系的联想总是会遭到别人的嘲笑，甚至有时候人们自己有这样的联想时，自己都会感觉到可笑，可能还会认为自己很愚蠢。但是在记忆领域内，这样的联想是正常的，它能够提高记忆效率，改善人们的记忆力。

第二，不能随意加速形象联想的过程。俗话说熟能生巧，任何事情做的次数多了，都会变得熟练，速度也会变快。形象联想的次数增加之后，联想的速度同样会变快。但是这种快却并不是人们所需要的。想要让信息变成长时记忆，并不是瞬间就能完成的过程，这其中需要自身的努力和足够的时间，单纯地提高形象联想的速度，并不会起到任何效果，甚至还可能会产生负面的作用。

第三，形象联想附加评论和一些情感上的判断，也能加深记忆。记忆具有个性化的特点，而对形象联想附加评论和一些情感上的判断，恰好会使记忆信息变得更富有个性化，更方便记忆。

第四，要有足够的耐心和毅力。人们无论做什么事情，想要取得成功，都需要足够的耐心和毅力，记忆也是一样。如果因为使用了形象记忆法，但是却没有能够记住某些信息，或者因为觉得形象记忆法非常麻烦，就不再选用形象记忆法去记忆信息，那就永远都不可能学会使用形象记忆法。

第六节

图像记忆法

图像记忆法是指以联想作为手段，将自身需要记忆的信息，转化成比较夸张、容易引起自己的注意，并且不讲究是否合理的图像，从而加深记忆，提高记忆效率的一种方法。

并不是所有的信息都需要转化之后才能使用图像记忆法，有很多信息，本身就是以图像的形式输入人们大脑中的，人们之所以能记住这样的信息，就是图像记忆法在起作用。比如在现实生活中，人们总是能够想起一些很多年前的事情，并且每次想起来都像重新经历过一样，非常清晰，这就是因为事件中的各种图像，都深深印在了人们的记忆中。

图像记忆法在我们的记忆中应用广泛

在整个记忆领域中，图像记忆法有着很高的地位。人们所进行的各种记忆活动中，很多信息都是依靠图像记忆法，才能最终被人记住。随着人们年龄的增长，语义记忆的能力在逐渐减弱，与之相对应，情景记忆的能力却在逐渐增强，而图像记忆法和人们的情景记忆能力的关系十分密切，所以人们会越来越依赖图像记忆法，来记忆各种记忆材料和信息。

人们发挥自己的想象力进行联想，是图像记忆法一个重要的环节。但是，在使用图像记忆法进行的联想时，其自身也有一定的特殊性。

图像记忆法的特殊性

第一，非必要合理性。非必要合理性是指人们在运用图像记忆法时进行的联想，可以不受任何限制，也不需要符合一定的逻辑关系或者实际情况。这样会使人的思维变得更活跃，联想出来的东西也更丰富，对记忆的促进效果更大。这种联想有明显的目的性，主要就是为了帮助人们记忆。为了达到这样的目的，联想内容的合理与否根本不会有任何的影响。

第二，容易相关性。容易相关性是指人们针对记忆主体所进行的联想方式，越适合自己，就越容易记忆。俗话说"鞋合不合适只有脚知道"，人们所进行的联想到底能不能帮助自己记忆，也只有自己知道。因此，在选择联想方式的时候，必须选择最适合自己的方式，这样才能做到最大限度地提高记忆力。另外，记忆本身就是人们自己的东西，人们想要记忆什么样的信息，以及怎么去记忆信息，不需要考虑其他人的感受。既然只需要考虑自己，当然是各个方面都选择最适合自己的，包括联想的方式。

第三，夸张性。夸张性是指人们在使用图像记忆法时所进行的联想，可以进行一定程度的夸张。当然，如果是真的有助于人们记忆，也可以夸张到非常严重的程度。过分夸张可以刺激海马体分泌一种波线，这种波线有利于海马细胞树突上的树突棘的改变。因此，夸张的联想同样有助于人们的记忆。

图像记忆法应用起来非常简单，就是把一些信息联想成一幅完整的图像来帮助人们记忆。比如说人们需要记忆电脑、鲜花、飞机场、窗帘、圆珠笔、东非大裂谷、外国、虚假同感偏差、消失、阿拉巴马这些信息，就可以通过自身的联想，让它们形成一个整体的画面，比如说，可以想象成电脑按着鲜花留下的标示来到了飞机场，派遣窗帘中队来阻止圆珠笔掉进东非大裂谷，但是在外国的上空，受到了虚假同感偏差的袭击，于是中队消失在了阿拉巴马。这样的一个整体画面，人们可以通过其中的一点而想起其他相关的部分，从而达到提高记忆效果的目的。

提纲记忆法

什么是提纲记忆法

　　提纲记忆法就是指通过对记忆材料的分析和总结，将其归纳成提纲的形式进行记忆的一种方法。这种方法不仅能够促使人们对记忆材料进行深入的思考，加深对记忆材料的理解，同时也能将材料中的知识系统化，按照一定的顺序储存到自己的记忆库中，无论是对保持记忆还是对回忆，都有一定的好处。实际上，编写提纲本身就是一个加深对记忆材料的理解和巩固记忆的过程，从这一点上来看。提高记忆法确实是有助于人们记忆的。

编制提纲提高记忆效果

　　使用提纲记忆法时，最重要的步骤就是编制提纲。编制提纲的主要目的是对记忆材料进行分析、综合和概括，主要的作用是体现材料的主要内容、精神实质以及相互之间的逻辑关系，同时也能体现人们自己的语言风格，使材料更符合自身的记忆特点，最终提高自身的记忆效果。那么，编制提纲为什么能提高记忆效果呢？

第一，提纲是对整个材料的概括，因此线索清晰，内容简便，方便人们直接观察；第二，虽然与整个记忆材料相比，提纲的内容简便，但是，它却概括了记忆材料的全部内容，也就是说我们记忆提纲和记忆完整的记忆材料的效果是一样的，但是记忆提纲却能节省很多时间；第三，提纲像正常的文章那样，时间、地点等各种因素俱全，它只要概括出主要内容就可以，因此在行文上异于常规文章，同时因为篇幅短小，有一种"小清新"的感觉，能给人留下深刻的印象；第四，编制提纲，能够把记忆材料内部的各种联系全部整理清楚，使人们分清材料内容的主次，条理分明、层次分明，做到有针对性地记忆，加速记忆过程；第五，提纲语言简洁，表达意思直接明了，集中了材料中所有内容的精华，自然方便人们记忆。

提纲记忆法的运用

提纲记忆法条理分明，虽然简化了记忆材料，却保留了记忆材料内部的联系，是提高记忆效果和记忆效率的重要方法。那么，究竟应该怎样运用提纲记忆法呢？

第一，要熟读并且分析记忆材料，找到记忆材料内部的各种关系和其基本的脉络，为编写提纲打下坚实的基础，并做好充分的准备。提纲毕竟是对记忆材料的概括，因此熟读并且掌握记忆材料的主要内容是十分重要的；另外，所谓概括，既不能脱离原材料的主要内容，又必须要把整个材料内容用简洁的语言表达出来，这就要求我们必须对材料进行分析，找准材料中的主要内容和主要关系，这样才能编制出最准确的提纲。

第二，发挥大脑对信息的组织能力，对记忆材料进行概括和综合。这是使用提纲记忆法最主要的步骤。在概括材料时，一定要抓住记忆材料的重点和主干，并且把要记忆的材料纳入大脑原有的知识中，使其变得条理化。只有对材料进行概括和综合之后，才有了编制提纲的根据。

第三，在深刻理解材料内容，把握材料中的各种关系的基础上，用文字的形式编制出提纲。要用自己的语言，把经过分析和综合并储存在大脑中的内容表现出来，甚至在有必要的情况下也可以和别人进行讨论，避免自己编制的提纲不够完美。

这样编制完成提纲之后，就为人们使用提纲记忆法进行记忆打下了良好的基础。然后，只要按照提纲进行记忆，记忆材料中包括的所有主要内容，我们就全部都能记住。

编制提纲并不是千篇一律的，必须要根据记忆材料的具体篇幅、分量、内容等实际情况进行编制。同时，要根据记忆材料的主要内容，分清主次和关系，明确各个部分内容在材料中所占的地位，以主干为中心进行编制。同时，提纲是为自己服务的，因此必须要用自己的语言进行编制、概括和表述，这样才能最有效地提高记忆效率。当然，使用提纲记忆法之后，复习必不可少，如果不复习，即便是提纲做得再简便、再方便，一段时间之后仍然会忘记材料的内容。

细节观察法

什么是细节观察法

细节观察法是指有意识地抓住或认准事物的某些细节，并且积极地进行观察，从而达到记忆某些事物的目的。一般来说，细节观察得越具体、越细致，人们对事物的记忆就越深刻。

大多数人都应该有这样的体会，自己清楚仔细观察过的事物，记忆会很深刻，相反，走马观花似的看过的事物，则很难清晰地记忆。就像是记一辆汽车，如果它停放着让人们仔细看，那汽车的各个方面肯定都能被记住；如果是汽车从人们的身边飞速行驶过去，只来得及看一眼，那人们除了能够记住汽车行驶起来很快之外，其他的一定全都记不住。

当然，并不是说所有人们仔细观察过的事物，都能够储存到人们的记忆中，有些时候，人们虽然仔细观察过一些事物，却仍然记不住，这是因为人们对它完全没有兴趣。事物是否能储存到人的大脑中，最关键的一点是人们是否对它感兴趣。事实上，使用细节观察法使用的前提，就是人们对事物有一定的兴趣。

人们对自己感兴趣的容易记忆

那么为什么人们对感兴趣的事物进行仔细观察后，就能够把它储存到自己的记忆中呢？

仔细观察能让人们对事物认识和理解更深刻

人们对一件事物理解越深刻，记忆就越清晰，就像学生学习各种知识一样，对知识理解越透彻，记忆就越深刻，运用的时候也会越轻松。人们观察事物的过程，实际上就是一个对事物进行认知和理解的过程，这个过程越仔细，能观察到的东西就越多，能找出来的信息也就越多，对事物的理解就会越深刻。就像电视中的警察处理各种案件一样，为什么警察要无数次地勘察案发现场，就是为了能够找到对破获案件有帮助的各种信息，很多时候案件的告破，都是因为警察在无数次的勘察案发现场之后，发现了有用的信息，才找到真正的罪犯。

另外，人们经过仔细观察，理解了一些信息之后，就能够用自己的语言把信息描述出来，这同样有助于人们记忆信息。比如某些物品的使用说明书，一般说明书都会做得非常仔细，各种各样有用和没用的步骤全部集中在一起，但是有时候这种仔细代表的就是非常乏味，不能引起人们的兴趣，甚至有时候会让人们无法弄清楚。这种时候人们就可以通过仔细观察，找到每个步骤的核心内容或先后次序，把这些东西用自己的语言表述出来。人们对于自己的语言的理解一定是非常透彻的，这样人们就会对整个说明书中重要的内容记忆深刻，长时间都不会忘记。

观察的本身就是进行编码

观察事物的过程，本身就是一个对和事物有关的信息，进行编码的过程。编码是各种信息转变成记忆的第一步，人们在观察事物的时候，会得到各种各样的信息，这些信息输入到大脑中后会自动进行编码，并且储存到记忆系统中，最后形成记忆。

仔细观察有助于记忆

仔细观察有助于把事物的信息，与人们已有的记忆进行联系，帮助人们记忆。把事物或者是记忆信息和已有的记忆进行联系，是人们记忆的一个重要方式。人们有意识地观察某种事物需要用到的人体器官主要是眼睛，但是，在人们观察事物的过程中，并不是只有眼睛在运动，大脑同样也在进行着各种活动。人们观察事物时所得到的信息，会通过眼睛传输到人们的大脑中，大脑会自动把这些信息和已有的记忆进行联系。观察越仔细，观察时间越长，得到的信息就越多，和大脑中已有记忆的联系也就越多，人们的记忆就越深刻。比如说人们观察一件古代的艺术品，在观察的同时，可以把大脑中已知的艺术品的年代、作者、材料等和其紧密地联系起来，这样人们对这件艺术品的印象一定非常深刻。

细节观察法在现实生活中的应用非常广泛，人们能用它记忆的事物有很多，包括教别人使用某些东西、记忆在商店中看到的某种物品、记忆新认识的朋友、某种物品的介绍和别人讨论某种物品等。

外部暗示法

什么是外部暗示法

外部暗示法是指当人们不能回忆出某些事情时，可以通过外部的一些辅助工具的帮助，或者是外部环境的改变，把不能回忆出来的事情回忆起来；另外，人们在进行记忆活动时，不一定把所有的信息全部都记忆到大脑中，有些信息可以通过外部的辅助工具来帮助人们记忆。总之，外部环境和一些辅助工具的帮助，对人们进行记忆活动有很大的帮助。

把所有的信息都写下来，是一种非常有效的记忆方法。在日常生活中，很多信息非常重要，需要人们仔细记忆。但是人们的大脑容量是有限的，同时接收很多重要的信息，不可能全部记住，如果把所有信息全都用大脑去记忆，很容易会造成大脑疲劳；另外，人们每天虽然看似有很多时间，但是却并不能把所有的时间全部拿出来进行记忆活动，同时大脑也需要休息和补充营养。也就是说，虽然人们每天都需要记忆很多信息，但是却不能全都用大脑去记忆，需要一些外部辅助手段，来帮助人们进行记忆活动。如果能够用自己所在的外部环境中的一些工具来帮助和提示自己，那么人们的大脑就可以进行其他的活动或者是休息。事实上，大多数人都会用外部辅助工具，来帮助自己记忆和提示自己回忆。

利用辅助工具进行记忆

在日常生活中，最常用的辅助工具是笔记本、日常表和约会簿，人们会把自己需要记忆的一些信息记录在里面，在需要的时候看一下，这就能够帮助人们记住或回忆起这些信息。比如一些工作非常忙碌的人，他们会把每天要做的事情都记录下来，随时翻看，这样就不应再花费时间去记这些事，让自己的大脑去思考其他的事情。

随着科技的发展，电脑、录音机等高科技产品逐渐成为辅助人们记忆的主要工具。比如说我们在参加会议或者是对别人进行采访时，会在短时间内得到大量有用的信息，但是这些信息我们却不能全部用大脑记住，这时候就可以用录音机把别人说的话全部都录下来，等到事情结束之后再进行整理，避免一些重要信息被遗忘。

辅助工具对人们的记忆活动有很大的帮助。但是这并不能说明辅助工具起到的全是正面作用，有时候，辅助工具也会起到一些不好的作用。

人们在进行记忆活动的时候，不仅能够记住各种信息，还能够充分利用和开发大脑的记忆能力。大脑记忆能力的充分开发，对人们进行各种社会活动，会产生积极的影响。但是如果记忆任何信息都要借助外部辅助工具，那就会阻碍大脑的思想训练，从而阻碍大脑记忆能力的开发，使人们产生一种懒惰的心理和情绪，对人们进行各种社会活动产生消极的影响。同时，对外部辅助工具过分依赖，也容易对个人的独立性产生不利的影响。

通过改变外部环境提示人们记忆

外部环境的改变，同样能提醒人们记住某件事情。人们对于自身所生活的外部环境都是非常熟悉的，一旦这个环境中的某一点发生了变化，就会对人们起到一种暗示的作用，提示人们应该去做某些事情。这种改变其实并不需要多么大的场面，有时候只是一点点微小的改变就能够起到一种很好的提醒作用。比如说人们上班需要带上某些东西，就可以提前把东西拿出来放在一个显眼的地方；再比如说想要洗衣服，就可以提前把脏衣服放到洗衣机附近，这样就能够提示人们该洗衣服了。

这种通过改变环境的方式来提示人们记忆的方法，任何人都可以使用，但是由于人与人之间的习惯、生活方式等的不同，不同的人记忆同一件事情对环境的改变方式可能是不同的，比如说第二天上班要带的某样东西，有些人可能会把它放在客厅的茶几上、有些人可能会把它放在门口，还有些人可能会把它和自己的包包放在一起，虽然改变的方式不同，但是却都能够对人们起到提醒的作用。这也就是说每个人在使用这种方法的时候，都必须要按照自己平时的习惯去改变外部环境，不要因为别人的方法比较好就去模仿别人，否则的话很可能环境被改变了，却没有起到提示的作用。

使用改变外部环境来提示人们记忆的方法，还有一条重要的原则，就是不能拖延，这一点至关重要。只要一想到以后要做的事情，一定要在第一时间选择出正确的提示方式，不然的话很可能在一段时间之后就忘记了自己需要做的事情。

虚构故事法

什么是虚构故事法

虚构故事法是指当人们需要记忆很多信息和事物，并且这些信息和事物相互之间没有联系的时候，可以运用自己的联想，把这些故事和信息变成一段简单有趣的小故事，来帮助人们记忆的一种方法。

比如说，人们要记忆"红塔山、狂奔、喜欢、足球、绊倒、汽车、啤酒、警察、哥哥、惊醒"这些词语，就可以运用自己的联想，编出一个小故事来对这些词语进行记忆。

有一天，小明抽着一根红塔山走在黑夜之中的马路上，突然从路边蹿出来一条狗，并且直接向小明狂奔了过来，小明很害怕，心想这条狗不会是喜欢上自己了吧，可是自己的内心接受不了啊，于是他掉头就跑。可是跑着跑着，突然被一个足球绊倒。小明站起来继续跑，可是这时候却发现狗已经开着汽车追了上来。小明见跑不过，于是停下来，掏出一瓶啤酒对追上来的狗说："你先喝点儿酒歇歇，我继续跑，一会儿你再追。"于是他继续向前跑。过了一会儿，他突然看见了一个警察站在路上，于是跑上去对警察说："后面有一条狗酒驾。"于是警察把狗抓了起来。这个时候狗才有机会对小明说："我是你失散多年的亲哥哥啊！"于是，小明从梦中惊醒了。

从这些词语表面上的意思来看，它们似乎没有任何关系，这也导致了人们所编的这个故事并不符合实际情况，非常具有离奇的色彩。可能有人在听了这个故事之后会嗤之以鼻，认为这就是胡编乱造，没有任何的意义。确实，这个故事并没有任何意义，但是，人们编这个故事的根本原因并不是为了讲故事，也不是为了娱乐听众，而是为了要记忆那些看起来没有任何关系的词语。从结果上看，人们要记忆的词语都被编到了这个故事当中，如果把这个故事背诵熟练，那么人们所需要记忆的词语就全部都能记住了。也就是说，为了记忆某些信息而编造一个不符合实际的故事，这种做法是有很大效果的，人们可以通过这样的方式来记住自己需要记忆的东西。其实这种方式就是运用了虚构故事法。

从故事中可以看出，虚构故事中运用到的最重要的大脑思维活动就是联想，人们需要通过联想把一些不存在任何关系的信息联系起来，从而达到记忆信息的目的。很多人觉得即便是运用大脑进行联想，也要符合一定的现实，但是实际情况却并不是这样的。就像上面所说的例子，由于需要人们记忆的信息本身并不存在相互关系，导致了这种联想基本上都是不符合实际的，也是没有任何逻辑关系的。

人们在运用虚构故事法进行记忆时，也可以根据实际情况对这种方法进行灵活的改变，比如说当信息实在是太多时，可以不止编一个小故事，而是编几个小故事分别进行记忆；再比如当人们需要记忆更多的细节时，也可以为自己编的小故事配上图片或者图表等情境内容作为提示，使自己可以联系实际情境进行记忆，这样就能记住更多的细节。

如果人们能够掌握虚构故事法，将会对记忆活动有很大的帮助，特别是在记忆材料复杂并且繁多的时候，运用这种方法更能起到非常好的作用。

正确运用虚构故事法帮助记忆

当然，虚构故事法虽然对人们的记忆有很大的促进作用，但是在运用这种方法的时候，还有一定的原则需要遵守。

第一是人们在使用虚构故事法进行记忆活动的时候，必须要按照人们需要记忆的信息的顺序去编故事，不能把信息原有的顺序颠倒或者打乱。实际上这一点也可以算是虚构故事法的缺点和局限性。就像前面的那个例子，如果有人问足球是出现在喜欢之前还是喜欢之后的时候，如果变化了信息的顺序，人们就不可能回答出来了。当然，这意味着人们也只能按照特定的顺序来记忆信息，因为当人们在对信息进行回忆的时候，只能通过对整个故事的重新搜索才能回忆出来。

第二是人们运用联想编出来的故事，尽量要具有趣味性。这一点并不是必须要坚持的原则，但是有趣味性的故事和毫无意义并且让人昏昏欲睡的故事相比，人们记忆有趣味性的故事效果会更好，甚至有些人可能根本就不可能记住那些毫无意义的故事，即便这些故事是他们自己编造的。

第三是虚构故事法虽然是运用联想编故事来帮助人们记忆，并且即使人们编出来的故事可以不符合实际情况，也可以让别人听得云里雾里，但是故事必须要让自己能够理解，如果自己都不能弄清楚自己编出来的故事，那么只会让自己的记忆变得一团糟。

逻辑推理法

什么是逻辑推理法

逻辑推理法指的是通过思考、推理等手段，找到各种信息之间的某种规则、逻辑或者是联系，重新规划信息，使信息变得有意义，从而提高记忆力的方法。

思考就是通过大脑思维活动来想一些事情，而推理就是根据一些已知的条件，得出未知的结论。看起来这两种行为确实都和人们的记忆力没有任何的关系，就像一个非常擅长思考和推理的人，即使记忆力很好，也只是在这两个方面相关的事情上的记忆力很好，但是对于其他方面的信息却手足无措，没有这么好的记忆力，这样就导致了很多人都认为逻辑思考能力和推理能力和记忆力没有任何关系。但是事实恰好相反，如果一个人拥有非常好的逻辑思考能力和推理能力，那么这个人的记忆力也能够变得非常好。

运用逻辑推理法促进记忆

第一，思考和推理都是在人们的大脑中进行的活动。经常进行逻辑思考和推理的人，大脑一定非常活跃，得到的锻炼也一定很多，相应地，大脑一定非常发达。而记忆活动同样是发生在人们大脑中的活动，一般来说，人们大脑内部的活动越活跃，人们的记忆效果就会越好。一个发达、活跃的大脑，一定会对记忆活动起到促进作用，使人们的记忆能力显著提高。

第二，思考和推理能够提高人们对信息理解的程度。人们对各种信息的记忆程度，与人们对信息的理解和加工程度是分不开的：信息加工和理解得越透彻、越清晰，记忆效果就越好；反之，人们对信息的记忆效果则非常差。逻辑思考和推理本身就是一个对信息加工和理解的过程。思考的过程需要对信息进行分析，这样就能够加深人们对信息的认知和理解，在人们得到自己思考的结果的同时，信息就已经被分析和理解透彻；人们在进行逻辑推理的时候，同样需要对各种信息进行分析，这样才能推理出正确的结论，因此在推理的过程中人们对信息也已经分析和理解透彻了。这也就是说，通过逻辑思考和推理的方式，人们能够记忆各种各样的信息。

第三，复杂信息的记忆需要运用一些特殊的方法，比如找到不同信息之间的共同点。人们可以通过对共同点的记忆、把共同点当作字钩等方法，来记忆各种不同的信息。逻辑推理的过程本身就是一个找信息之间共同点和不同点的过程，只要能够找到信息之间的共同点，那么各种信息就能够轻松储存到人们的记忆里。

第四，当信息以一个完善的逻辑体系的方式，储存在记忆系统中时，一旦人们遇到问题，记忆系统中的信息结构就能被迅速调动起来，并且能够以最快的速度找到解决事情的方法。对信息的逻辑思考和推理能够使各种不同的信息凝结成一个完善的体系，同时由于人们在思考和推理的过程中，对信息的分析和理解非常透彻，从而使这种知识形成的体系，会直接储存到人们的记忆系统中，在人们有需要的时候为人们服务。

逻辑推理法同样离不开想象力的帮助，因为在人们进行逻辑思考和推理的过程中，想象力能够帮助人们迅速在各种不同的信息之间建立一定的联系，从而大大方便人们达成逻辑思考和推理的目的。

总之，逻辑推理法不仅能使人们的大脑变得训练有素，大大提高人们的智力水平，同时也能够有效地改善人们的记忆能力，增强人们对各种信息的记忆效果。

联想记忆法

什么是联想记忆法

看到了一个事物就会自然想到另一个事物，这就是联想。正是因为有了联想，人们才会将不同的事物之间联系在一起。因此，联想在记忆过程中起着非常重要的作用，人们会自动寻找客观事物之间的关系和联系，然后把关系和联系在大脑中形成相互连贯的线条，这种连贯的线条就是记忆和联想的基础。

联想记忆法的类型

联想和记忆有着密切的关系，联想是最重要的记忆法之一。适当地利用联想记忆法，对增进记忆力有很大的帮助。下面我们介绍四种主要的联想记忆法：

接近联想法

接近联想法，指两种事物之间在空间上同时或接近，时间上也同时或接近，然后在此基础上建立起一种联想的方式。

首先举例说明空间联想，例如，有时候很熟悉的外语单词，到用的时候一下子就想不起来了，可是这个单词在书本上的什么位置却清晰记得，这样我们就可以想一下这个单词前面是什么词、后面是什么词，这样持续地联想，往往对想起这个单词有很大的帮助。因为这个单词与前面的单词、后面的单词位置很接近，所以在空间上建立起了一种联想。

我们再举例说明时间联想法，例如，一个人去参加女儿的毕业典礼，在毕业典礼上他和他的女儿拍了张照片，可后来他却发现找不到了。于是这个人就回忆当时是在什么情况下丢的。他晚上回到家还和全家人看了照片，看完后他想着放到一个比较容易找到的地方，等买到相册，放到相册里。晚上 11 点多他上床睡觉，那照片放到哪儿了呢？突然，他想到是顺手放到了床头柜里了。这就是在时间上建立起来的联想。

相似联想法

相似联想法，即一个事物和另一个事物类似时，往往会看到这个事物从而联想到另一个事物。相似联想突出了事物之间的相似性和共同的性质、特征。事物相似包括原理相似、结构相似、性质相似、功能相似的事物。

结构相似是指事物从外观构造上相似。例如，以青为基本字，组成"情、请、晴、清"等字。由于这几个字字形相似，所以很容易引起联想。

性质相似又可以分为形态相似、成分相似、颜色相似、声音相似等。例如，利用声音的相似词语来代替被记材料，我国唐代以后的五代：梁、唐、晋、汉、周，记起来比较不容易，顺序也会颠倒。因此，以"良糖浸好酒"来代替很容易记忆。

原理相似和功能相似也是这个道理。总之，通过记忆两者之间的相似性和共性，便可在记忆中发挥很好的作用。如果在学习中能准确到位地使用相似联想法，会有助于提高记忆效果。

对比联想法

对比联想法是由一事物想到和它具有相反特征的方法。也就是说通过对各种事物进行比较，抓住其特有的性质，从而帮助我们增强记忆力。如，抗金英雄岳飞庙前有这样一副楹联，写的是"青山有幸埋忠骨，白铁无辜铸佞臣"。"有"和"无"是相反，"埋忠骨"和"铸佞臣"是对比。我们只要记住这副对子的上句，下句通过对比联想，毫不费力就记住了。由于客观世界是对立统一的关系，所以联想事物之间既存在共性也存在对立性。如，由黑想到白，由大想到小，由温暖想到寒冷等。

关系联想法

关系联想法是由原因想到结果、由结果想到原因、由局部想到整体，或者由整体回忆起局部的方法。在我们学习过程中，有许多材料能用到关系联想这种记忆方法，通过此方法可以有效地达到我们记忆的目的。例如，你想不起很多年前的一次考试或者一场比赛的结果了，但是你能想起你当时非常沮丧，朋友和家人都安慰你了。根据这个结果，你很可能就会回忆起你在考试或者比赛中的表现，这就是从结果推导原因的一种联想。

综上所述，大多数人都会通过联想记忆东西。比如你银行卡密码的设置时是生日或是你喜欢的数字等。相反，如果有些事物和我们知道的东西联系不起来，我们要如何记住它们呢？这时，你就要发挥丰富的想象力了。当一个人想记住一些东西，他就会用自己想象力唤起埋藏于内心的情景和图像，然后将这些情景和图像储存在心里。如你想记住西奈山的启示，你只需要想象一下，你站在以色列人当中聆听先知摩西颁布"十诫"时的情景，你会牢牢记住它。这是一种联想记忆的能力。

联想是记忆的重要手段，能够强化记忆。我们在记忆和学习新事物时，要善于想象，不能局限于一种联想法的应用。另外，联想会受一些因素的影响，对于新形成的联想就容易回忆，如最近看过的电影就比以前看过的电影容易回忆。联想反复使用的次数越多越不容易忘记，如乘法口诀。我们应该积极、主动、充分发挥联想在记忆中的作用，以提高记忆水平。

罗马房间记忆法

罗马房间记忆法的应用

罗马人是记忆术的伟大发明者和实践者。在当时，他们构建了一种很流行的记忆方法，那就是罗马房间记忆法。

罗马房间记忆法充分运用了左右脑的功能，因而这种方法可以很好地检验左脑和右脑皮层以及各种记忆方法的应用情况。使用罗马房间记忆法需要在大脑中建立精确的结构和次序，还需要大量的想象和联想。罗马人想象的是通过房子和房间的入口，然后将尽可能多的物体和各式家具塞满房间，他们把每件物体和每件家具与要记忆的事物联系起来。

记忆的对象无限制

这种记忆法对想象没有限制。你可以迅速想一下房间的形状，要怎样设计，接下来想在房间里应该放的东西。这些完成后，拿出一张白纸画出你想象到的房间，无论是平面图、效果图或是艺术家式的绘画都可以，然后在布置的事项上标上名称。刚开始时，你可以先标 10 个特定位置的注意事项，慢慢扩大到 15 个、20 个、25 个、30 个等。以此类推，不断增加。所以说罗马记忆法凭借想象，能够想记多少就记多少。

使用此记忆法时，无论是联想还是设计挂住信息的记忆"挂钩"，大脑会发挥想象力、文字、数字、空间和色彩等功能。同时随着挂钩的增加，记忆的信息也会大量地增加。在大脑中信息可以变，但挂住信息的"挂钩"是固定的。当把房间内的挂钩都按照顺序设计好后，一定要不断地在房间里"虚拟漫步"，把所有挂钩的顺序、位置和数目牢牢记住。

在演讲中的应用

例如，古罗马著名演说家马库斯·图留斯·西塞罗，他在自己的演说中应用的就是"罗马房间记忆法"。他通过想象将演讲中的话题和自己房间中的物品绑在一起记忆。

在演讲之前，西塞罗把演讲的事项放到了想象的房间，并与房间内的结构、物品联系在一起。他想象着他的房间：前门两边有两根巨大的柱子，两位新任部长在入口处分别抱着那两根柱子；走廊的中央有一尊精美的希腊雕像，希腊雕像正穿着由大设计师设计的新军装；客厅里有一张大沙发，那张大沙发上扎进了一支锋利的箭，旁边放着一顶光彩夺目的头盔，铮亮的鞋子紧挨着头盔；厨房在客厅的左侧，在厨房里，一匹马正在吃着地上的干草；厨房旁边有一个楼梯，运动员在楼梯上跑上跑下；楼上是一间卧室，里面有张大床。一个胖官员慵懒地躺在床上，手里拿着"最佳官员"的勋章。

到了西塞罗演讲的那一天，他站在观众面前，开始了他的房间"虚拟漫步"。首先映入他脑海的是前门入口处的两根巨大的柱子，两根柱子旁边分别是新任命的部长。走廊中的希腊雕像看上去格外不同凡响，原因是这位希腊女神穿着由乔治乌斯·阿玛尼乌斯设计的新军装。接下来他又来到了客厅，看到了沙发上的三样东西：一支锋利的箭、耀眼的盔甲和铮亮的鞋子。然后西塞罗又注意到了左侧的厨房，里面有一匹马，他马上想到了"护理马匹"的宣传活动，着重强调冬季要及时护理马匹。西塞罗继续着他的漫步之旅，他想上楼去自己的卧室，看到几十个运动员在楼梯上来回跑，他上不了楼。这让他联想到"下个月即将召开的运动会"。西塞罗最后走进了卧室，看到一个胖胖的官员舒服地躺在床上睡着了。"这是他应该享受的，教育部门还为这些优秀官员组织了到夏威夷岛度假。"西塞罗大声地向观众说。

在日常生活中的应用

在我们日常生活中，也可以用罗马记忆法记住第二天需要做的事情。当然，这并不代表人们使用的记事本、日历、即时贴，这些记忆工具要退出历史舞台，而是我们在没有记事本、即时贴的时候想记住东西，就要使用记忆术了。

罗马人把记忆当作一项重要的资产，他们开发各种记忆术并在日常生活中不断实践。现在和过去，人们所使用的记忆术没有多大差别，唯一区别就是娴熟程度。因此，用罗马房间法做记忆练习时，既要单独做练习，也要和朋友们一起做，直至做到很熟练的程度。

很多人都喜欢这种方法，他们在纸上列出来几百件需要记住的东西，然后放入记忆房间里。接着用大脑皮质的整体功能去精确记住房间里每一个东西的位置、顺序以及数量，同时用感觉器官去接收各种色彩、气味和声音，也可以说在记忆房间里做了一次"精神漫步"。在这漫步的过程中，每一件物品都会提醒你该说的、该做的事情，你也就不会遗忘了。

第六章

对症下药，各科记忆有良方

外语知识记忆法

采用适当的记忆法提升学英语的兴趣

很多人在学习英语的过程中遇到的最多的问题就是记不住单词。这在很大程度上影响了对英语的学习兴趣，英语成绩自然上不去。一些人认为背单词是件既吃力，又没有成效的苦差事。实际上，若能采用适当的方法，不但能够记住大量的单词，还能提高对英语的兴趣。我们下面来简单介绍几种单词记忆的方法，这些方法你可以用思维导图的形式总结下来：

1. 谐音法

利用英语单词发音的谐音进行记忆是一个很好的方法。由于英语是拼音文字，看到一个单词可以很容易地猜到它的发音；听到一个单词的发音也可以很容易地想到它的拼写。所以，如果谐音法使用得当，是最有效的记忆方法，可以真正做到过目不忘。

如英语里的2和to，4和for。quaff n./v. 痛饮，畅饮。记法：quaff 音"夸父"→夸父追日，渴极痛饮。hyphen n. 连字号"-"。记法：hyphen 音"还分"→还分着呢，快用连字号连起来吧。shudder n./v. 发抖，战栗。记法：音"吓得"→吓得发抖。

不过，像其他的方法一样，谐音法只适用于一部分单词，切忌滥用和牵强。将谐音用于记忆英文单词并加以系统化是一个尝试。本书在前面已经讲过：谐音法的要点在于由谐音产生的词或词组（短语）必须和词语的词义之间存在一种平滑的联系。这种方法用于英语的单词记忆也同样要遵循这个要点。

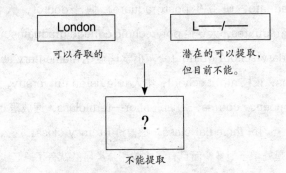

当存储的信息不能提取时，"舌尖现象"就出现了。如："英国的首都是哪儿？"答案可能知道，潜意识中知道，或者根本不知道。

2. 音像法

我们这里所说的音像法就是利用录音和音频等手段进行记忆的方法。该方法在记住单词的同时还可以训练和提高听力，印证以前在课堂上或书本里学到的各种语言现象等。

例：There's only one way to deal with Rome，Antinanase

You mustserve her, you must abase yourself before her, you must grovel at her feet, you must love her.

3. 分类法

把单词简单地分成食品、花卉等，中等的难度可分成政治、经济、外交、文化、教育、旅游、环保等类，难一些的分类是科技、国防、医疗卫生、人权和生物化学等。这些分类是根据你运用的难度决定的。古人云"举一纲而万目张"，就是有了记忆线索，那么就有了记忆的保证。

简单的举例，比如大学一、二、三、四年级学生分别是 freshman、sophomore、junior、senior student，本科生是 undergraduate，研究生 postgraduate，博士 doctor，大学生 college graduates，大专生 polytechnic college graduates，中专生 secondary school graduates，小学毕业生 elementary school graduates，夜校 night school，电大 television university，函授 correspondence course，短训班 short-termclass，速成班 crash course，补习班 remedial class，扫盲班 literacy class，这么背下来，是不是简单了很多？而且有了比较和分类自然就有了记忆线索。

4. 听说读写结合法

听说读写结合记忆的依据是我们前面所讲到的多种感官结合记忆法。我们可以把所有要背的资料通过电脑录制到自己的 MP3 里去，根据原文可以录中文，也可以录英文，发音尽量标准，放录音的时候，一定要手写下来，具体做法是：

第一次听写放一个句子，要求每个句子、每个单词都写下来；

214

以后的第二、第三次听写要求听一句话，只记主谓宾和数字等（口译笔记的初步），每听一段原文，暂停写下自己的笔记，然后自己根据笔记翻译出来；再以后几次只要听就可以了，放更长的句子，只根据记忆口述翻译就可以了，这个锻炼很有意思，能把你以前的学习实战化，而且能发现自己发音不准确的地方，能听到自己的声音，知道自己是否有这个那个的问题有待解决。

学英语，记单词，应该走出几个误区：

（1）过于依赖某一种记忆方法。

现在书店里的那些词汇书都在强调自己方法的好处，包治所有词汇。其实这都是片面的，有的单词用词根词缀记忆好用，有的看单词的外观，然后发挥你的形象思维就记下了，有的单词通过把读音汉化就过目不忘。所以千万不要迷信某一种记忆方法。

（2）急功近利。

不要奢望一个月内背下一本词汇书。也有同学背了三天，最多坚持一个星期就没信心了。强烈的挫折感打败了你。接下来就没

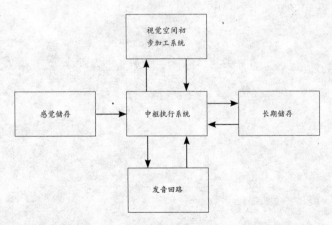

巴德利的工作记忆模型认为，工作记忆包括3个组成部分：储存发音信息的发音回路、负责储存图像的视觉空间初步加工系统，以及控制注意和策略的中枢执行系统。

有动静了。所以要循序渐进，哪怕一天背两个单词，坚持下去就很可观。

（3）把背单词当作痛苦。

有些人背单词前要刻意选择舒适的环境，这里不能背，那里不能背。一边背单词一边考虑中午吃点什么补充脑力。其实，你的担心是多余的。背单词是挑战大脑极限的乐事，要学会享受它才对。

（4）一页一页地背。

有些同学觉得这页单词没背下，就不再往前翻。其实这样做效率非常低，遗忘率也高，挫折感强，见效也慢。

背单词就是重复记忆的过程，错开了时间去记忆单词，可能会多看几个单词，然后以一个长的时间周期去重复，这样达到了重复记忆的目的，减少大脑的厌倦。

人文知识记忆法

语文是基础学科

语文是青少年必修的基础学科。语文学习的一个重要环节就是记忆。中学阶段是人的记忆发展的黄金时代，如果在学习语文的过程中，青少年能够结合自身的年龄特点，抓住记忆规律，按照科学的记忆方法，必然会取得更好的学习效果。

下面简单介绍几种记忆语文知识的方法：

1. 画面记忆法

背诵古诗时，我们可以先认真揣摩诗歌的意境，将它幻化成一幅形象鲜明的画面，就能将作品的内容深刻地贮存在脑中。例如，读李白的《望庐山瀑布》时，可以根据诗意幻想出如下画面：山上云雾缭绕，太阳照耀下的庐山香炉峰好似冒着紫色的云烟，远处的瀑布从上飞流而下，水花四溅，犹如天上的银河从天上落下来。记住了这个壮观的画面，再细细体会，也就相当深刻地记住了这首诗。

2. 联想记忆法

这是按所要记忆内容的内在联系和某些特点进行分类和联结记忆的一种方法。

举一个简单的例子。如：若想记住文学作品和作者的名字，我们可以做这样的联想：

有一天，莫泊桑拾到一串《项链》，巴尔扎克认为是《守财奴》的，都德说是自己在突出《柏林之围》时丢失的，果戈理说是《泼留希金》的，契诃夫则认定是《装在套子里的人》的。最后，大家去请高尔基裁决，高尔基判定说，你们说的这些失主都是男的，而男人是不用这东西的，所以，真正的失主是《母亲》。这样一编排，就把高中课本中的大部分外国小说名及其作者联结在一起了，复习时就如同欣赏一组轻快流畅的世界名曲联想一样，于轻松愉悦中不知不觉就牢记了下来。

3. 口诀记忆法

汉字结构部件中的"臣"在常用汉字中出现的只有"颐""姬""熙" 3 个。有人便把它们组编成两句绕口令："颐和园演蔡文姬，熙熙攘攘真拥挤。"只要背出这个绕口令，不仅不会把混淆这些带"臣"的字，而且其余带"臣"的汉字，也不会误写。如历代的文学体裁及成就若归纳成如下几句，就有助于在我们头脑中形成清晰易记的纵向思路。西周春秋传《诗经》，战国散文两不同；楚辞汉赋先后现,《史记》《乐府》汉高峰;魏晋咏史盛五言,南北民歌有“双星”;唐诗宋词元杂剧,小说成就数明清。

4. 对比记忆

汉字中有些字形体相似,读音相近,容易混淆,因此有必要加以归纳,通过对比来辨别和记忆。为了增强记忆效果,可将联想记忆法和口诀记忆法也参入其中。实为对比、归纳、谐音、联想、口诀五法并用。

(1)巳(sì)满,已(yǐ)半,己(jǐ)张口。其中巳与4同音,已与1谐音,己与几同音,顺序为满半张对应4、1、几。

(2)用火烧(shāo),用水浇(jiāo),绕(rào),用手挠(náo);靠人是侥(jiǎo)幸,食足才富饶(ráo),日出为拂晓(xiǎo),女子更妖娆(ráo)。

(3)用手掂掇(duō),用丝点缀(zhuì),辍(chuò)学开车,啜(chuò)泣噘嘴。

(4)输赢(yíng)贝当钱,蜾蠃(luǒ)虫相关,羸(léi)弱羊肉补,嬴(yíng)姓母系传。

(5)乱言遭贬谪(zhé),嘀(dí)咕用口说,子女为嫡(dí)系,鸣镝(dí)金属做。

(6)中念衷(zhōng),口念哀(āi),中字倒下念作衰(shuāi)。

(7)言午许(xǔ),木午杵(chǔ),有心人,读作忤(仵)(wǔ)。

(8)横戌(xū)点戍(shù)不点戊(wù),戎(róng)字交叉要记住。

(9)用心去追悼(dào),手拿容易掉(diào),棹(zhào)桨划木船，私名为绰（chuò）号。

（10）点撇仔细辨（biàn），争辩（biàn）靠语言，花瓣（bàn）结黄瓜，青丝扎小辫（biàn）儿。

5. 荒谬记忆法

比如在背诵《夜宿山寺》这首诗时，大部分同学要花五分钟才能把它背出来，可有一位同学只花了一分钟就背出来了，而且丝毫不差，这是什么原因呢？是不是这位同学聪明过人呢？

在同学们疑惑时，他说出了背诵的窍门：这首诗有四句话，只要记住两个词："高手""高人"，并产生这样的联想：住在山寺上的人是一位"高手"，当然又是一位"高人"。背诵时，由每个词再想想每句诗，连起来就马上背诵出来了。看来，这位同学已经学会用奇特联想法来记忆了。

运用奇特联想法记忆古诗的例子很多，如:《古风》:"春种一粒粟，秋收万颗子。四海无闲田，农夫犹饿死。"——"粟子甜（田）死了。"

语文有时需要背诵大段大段的文字。背诵时，应先了解全段文字的大意，再把全段文字按意思分成若干相对独立的层。每层选出一些中心词来，用这些中心词联结周围一定量的句子。回忆时，以中心词把句子带出来，达到快速记忆的效果。如背诵鲁迅散文诗《雪》中的一段:

"但是，朔方的雪花在纷飞之后，却永远如粉，如沙，他们决不粘连，撒在屋上、地上、枯草上，就是这样。屋上雪是早已就有消化了的，因为屋里居人的火的温热。别的，在晴天之下，旋风忽来，便蓬勃地奋飞，在日光中灿灿地生；光，如包藏火焰的大雾，旋转而且升腾，弥漫太空，使太空旋转而且升腾地闪烁。"

我们把诗文分为3层，并提出3个中心词：

（1）如粉。大脑浮现北方的纷飞大雪撒在屋上、地上、枯草上的图像。因为如粉，所以决不粘连。

（2）屋上。使我们想到屋内人生火，屋顶雪融化的图像。

（3）晴天旋风。想象一个壮观的场面：晴空下，旋风卷起雪花，旋转的雪花反射着阳光，在日光中灿灿地生光。

这样从中心词引起想象，再根据想象进行推理，背这一段就感到容易了。

意大利一所大学的教授做过这样的实验：挑选一位技艺中等的青年学生，让他每星期接受3—5天，每天一小时地背诵由3个数字、4个数组构成的数字训练。

每次训练前，他如果能一字不差地背诵前次所记的训练内容，就让他再增加一组数字。经过20个月约230个小时的训练，他起初能熟记7个数，以后增加到80个互不相关的数，而且在每次联系实际时还能记住80%的新数字，使得他的记忆力能与具有特殊记忆力的专家媲美。

数学知识记忆法

要学好数学应建立在理解的基础上

学习数学重在理解，但一些基本的知识，还是要能记住，用时才能忆起。所以记忆是学生掌握数学知识，深化和运用数学知识的必要过程。因此，如何克服遗忘，以最科学省力的方法记忆数学知识，对开发学生智力、培养学生能力，有着重要的意义。

理解是记忆的前提和基础。尤其是数学，下面介绍几种在理解的前提下行之有效的记忆方法。学好数学，要注重逻辑性训练，掌握正确的数学思维方法。在这里，主要有以下几种思维方法：

比较归类法

这种方法要求我们对于相互关联的概念，学会从不同的角度进行比较，找出它们之间的相同点和不同点。例如，平行四边形、长方形、正方形、梯形，它们都是四边形，但又各有特点。在做习题的过程中，还可以将习题分类归档，总结出解这一类问题的方法和规律，从而使得练习可以少量而高效。

举一反三法

平时注重课本中的例题，例题反映了对于知识掌握最主要、最基本的要求。对例题分析和解答后，应注意发挥例题以点带面的功能，有意识地在例题的基础上进一步变化，可以尝试从条件不变问题变和问题不变条件变两个角度来变换例题，以达到举一反三的目的。

一题多解法

每一道数学题，都可以尝试运用多种解题方法，在平时做题的过程中，不应仅满足于掌握一种方法，应该多思考，寻找出一道题更多的解答方法。一题多解的方法有助于培养我们沿着不同的途径去思考问题的好习惯，由此可产生多种解题思路，同时，通过"一题多解"，我们还能找出新颖独特的"最佳解法"。除此之外，还可以进行：

口诀记忆法

将数学知识编成押韵的顺口溜，既生动形象，又印象深刻不易遗忘。如圆的辅助线画法："圆的辅助线，规律记中间；弦与弦心距，亲密紧相连；两圆相切，公切线；两圆相交，公交弦；遇切点，做半径，圆与圆，心相连；遇直径，做直角，直角相对（共弦）点共圆。"又如"线段和角"一章可编成：

　　四个性质五种角，还有余角和补角；

　　两点距离一点小，角平分线不放松；

　　两种比较与度量，角的换算不能忘；

　　角的概念两种分，三线特征顺着跟。

　　其中四个性质是直线基本性质、线段公理、补角性质和余角性质；五种角指平角、周角、直角、锐角和钝角；两点距离一点中，指两点间的距离和线段的中点；两种比较是线段和角的比较，三线是指直线、射线、线段。

联想记忆法

　　联想是感受到的新事物与记忆中的事物联系起来，形成一种新的暂时的联系。主要有接近联想、对比联想、相似联想等。特别是对某些无意义的材料，通过人为的联想、用有意义的材料作为记忆的线索，效果十分明显。如用"山间一寺一壶酒……"来记忆圆周率"3.14159……"等。

分类记忆法

　　把一章或某一部分相关的数学知识经过归纳总结后，把同一类知识归在一起，就容易记住，如："二次根式"一章就可归纳成三类，即"四个概念、四个性质、四种运算"。其中四个概念指二次根式、最简二次根式、同类二次根式、分母有理化；四种运算是二次根式的加、减、乘、除运算。

化学知识记忆法

对知识的充分理解才能学好化学

　　和数学一样，要牢牢记住化学知识，就必须建立在对化学知识理解的基础上。在理解的基础上，我们可以尝试以下几种方法：

1. 简化记忆法

　　化学需要记忆的内容多而复杂，同学们在处理时易东扯西拉，记不全面。克服它的有效方法是先进行基本的理解，通过几个关键的字或词组成一句话，或分几个要点，或列表来简化记忆。这是记忆化学实验的主要步骤的有效方法。如：用六个字组成："一点、二通、三加热，"这一句话概括氢气还原氧化铜的关键步骤及注意事项，大大简化了记忆量。在研究氧气化学性质时，同学们可把所有现象综合起来分析、归纳得出如下记忆要点：

（1）燃烧是否有火；

（2）燃烧的产物如何确定；

（3）所有燃烧实验均放热。

抓住这几点就大大简化了记忆量。氧气、氢气的实验室制法，同学们第一次接触，新奇但很陌生，不易掌握，可分如下几个步骤简化记忆。

（1）原理（用什么药品制取该气体）；

（2）装置；

（3）收集方法；

（4）如何鉴别。

如此记忆，既简单明了，又对以后学习其他气体制取有帮助。

2. 趣味记忆法

为了分散难点，提高兴趣，要采用趣味记忆方法来记忆有关的化学知识。如：氢气还原氧化铜实验操作要诀："氢气早出晚归，酒精灯迟到早退。前者颠倒要爆炸，后者颠倒要氧化。"

针对需要记忆的化学知识利用音韵编成，融知识性与趣味性于一体，读起来朗朗上口，易记易诵。如从细口瓶中向试管中倾倒液体的操作歌诀："掌向标签三指握，两口相对视线落。""三指握"是指持试管时用拇指、食指、中指握紧试管；"视线落"是指倾倒液体时要观察试管内的液体量，以防倾倒过多。

3. 编顺口溜记忆

初中化学中有不少知识容量大、记忆难、又常用，但很适合编顺口溜方法来记忆。

如：学习化合价与化学式的联系时可记为"一排顺序二标价、绝对价数来交叉，偶然角码要约简，写好式子要检查。"再如刚开始学元素符号时可这样记忆：碳、氢、氧、氮、氯、硫、磷；钾、钙、钠、镁、铝、铁、锌；溴、碘、锰、钡、铜、硅、银；氦、氖、氩、氟、铂和金。记忆化合价也是同学们比较伤脑筋的问题，也可编这样的顺口溜：钾、钠、银、氢 + 1 价；钙、镁、钡、锌 + 2 价；氧、硫 − 2 价；铝 + 3 价。这样主要元素的化合价就记清楚了。

4. 归类记忆

对所学知识进行系统分类，抓住特征。如：记各种酸的性质时，首先归类，记住酸的通性，加上常见的几种酸的特点，就能知道酸的化学性质。

5. 对比记忆

对新旧知识中具有相似性和对立性的有关知识进行比较，找出异同点。

6. 联想记忆

把性质相同、相近、相反的事物特征进行比较，记住他们之间的区别联系，再回忆时，只要想到一个，便可联想到其他。如：记酸、碱、盐的溶解性规律，不要孤立地记忆，要扩大联想。

把一些化学实验或概念可以用联想的方法进行记忆。在学习化学过程中应抓住问题特征，如记忆氢气、碳、一氧化碳还原氧化铜的实验过程可用实验联想，对比联想，再如将单质与化合物两个概念放在一起来记忆:"由同（不同）种元素组成的纯净物叫作单质（化合物）。"

7. 关键字词记忆

这是记忆概念的有效方法之一，在理解基础上找出概念中几个关键字或词来记忆整个概念，如：能改变其他物质的化学反应速度（一变）而本身的质量和化学性质在化学反应前后都不变（二不变）这一催化剂的内涵可用："一变二不变"几个关键字来记忆。

8. 形象记忆法

借助于形象生动的比喻，把那些难记的概念形象化，用直观形象去记忆。如核外电子的排布规律是："能量低的电子通常在离核较近的地方出现的机会多，能量高的电子通常在离核较远的地方出现的机会多。"这个问题是比较抽象的，不是一下子就可以理解的。

9. 总结记忆

将化学中应记忆的基础知识总结出来，写在笔记本上，使得自己的记忆目标明确、条理清楚，便于及时复习。

历史知识记忆法

对历史知识的记忆其实没有那么难

很多同学会对历史课产生浓厚的兴趣，因为它的内容纵贯古今、横揽中外，涉及经济、政治、军事、文化和科学技术等各个领域的发展和演变。但也由于历史内容繁杂，时间跨距大，记起来有一定的困难。所以很多人都有一种"爱上课，怕考试"的心理。这里介绍几种记忆历史知识的方法，帮助青少年克服这种困难，较快地掌握历史知识。

1. 归类记忆法

采取归类记忆法记忆历史，使知识条理化、系统化，不仅便于记忆，而且还能培养自己的归纳能力。这种方法一般用于历史总复习效果最好。

我们可以按以下几种线索进行归类：

（1）按不同时间的同类事件归纳。

比如：我国古代八项著名的水利工程、近代前期西方列强连续发动的5次大规模侵华战争、20世纪30年代日本侵略中国制造的5次事变、新航路开辟过程中的4次重大远航、二战中同盟国首脑召开的4次国际会议等。

（2）把同一时间的不同事件进行归纳。

如：1927年：上海工人第三次武装起义、"四·一二"反革命政变、李大钊被害、"马日事变""七·一五"反革命政变、"宁汉合流"、南昌起义、"八七"会议、秋收起义、井冈山革命根据地的建立、广州起义。

归类记忆法既有利于牢固记忆历史基础知识，又有利于加深理解历史发展的全貌和实质。

2. 比较记忆法

历史上有很多经常发生的性质相同的事件，如农民战争、政治改革、不平等条约等。这些事件有很多相似的地方，在记忆的时候，中学生很容易把它们互相混淆。这时候采取比较记忆是最好的方法。

比较可以明显地揭示出历史事件彼此之间的相同点和不同点，突出它们各自的特征，便于记忆。但是，比较不能简单草率，要从各个方面、各个角度去细心进行，尤其重要的是要注意搜求"同"中之"异"和"异"中之"同"。

如：中国的抗日战争期间，国共两党的抗战路线比较。郑和下西洋与新航路的开辟的比较。德、意统一的相同与不同的比较。对两次世界大战的起因、性质、规模、影响等进行比较，中国与西欧资本主义萌芽的对比。中国近代三次革命高潮的异同等。

用比较法记忆历史知识，既能牢固记忆，又能加深理解，一举两得。

3. 歌谣记忆法

一些历史基础知识适合用歌谣记忆法记忆。例：记忆中国工农红军长征路线："湘江、乌江到遵义，四渡赤水抛追敌，金沙彝区大渡河，雪山草地到吴起。"中国朝代歌："夏商西周继，春秋战国承；秦汉后新汉，三国西东晋；对峙南北朝，隋唐大一统；五代和十国，辽宋并夏金；元明清三朝，统一疆土定。"

应当注意的是，编写的歌谣，形式必须简短齐整，内容必须准确全面，语言力求生动活泼。

4. 图表记忆法

图表记忆法的特点是借助图表加强记忆的直观效果，调动视觉功能去启发想象力，达到增强记忆的目的。

秦、唐、元、明、清的疆域四至，可画直角坐标系。又如隋朝大运河图示，太平天国革命运动过程图示，中国工农红军长征过程图示等。

5. 巧用数字记忆法

历史年代久远，几乎每年都有不同的大事发生。如果要对历史有一个全面的了解，就必须记住年代。但历史年代本身枯燥乏味，难于记忆。有些历史年代，如封建社会起止年代，只能死记硬背。

但也有些历史年代，可以采用一些好的方法。

（1）抓住年代本身的特征记忆。

比如，金国灭亡时间是 1234 年，四个数字按自然数顺序排列。马克思诞生，1818 年，两个 18。

（2）抓重大事件间隔距离记忆。

比如：第一次国内革命战争失败，1927 年；抗日战争爆发，1937 年；中国人民解放军转入反攻，1947 年。三者相隔都是 10 年。

（3）抓重大历史事件的因果关系记年代。

比如：1917 年十月革命，革命制止战争，1918 年第一次世界大战结束；巴黎和会拒绝中国的正义要求，成为 1919 年"五四"运动的导火线；"五四"运动把新文化运动推向新阶段，传播马克思主义成为主流，1920 年共产主义小组出现；马克思主义同工人运动相结合，1921 年中国共产党诞生。

（4）概括为一二三四五六来记。

比如：隋朝的大运河的主要知识点：一条贯通南北的交通大动脉；用了二百万人开凿，全长两千多公里；三点，中心点是洛阳、东北到涿郡、东南到余航；四段是永济渠、通济渠、邗沟和江南河；连接五条河：海河、黄河、淮河、长江和钱塘江；经六省：冀、鲁、豫、皖、苏、浙。

（5）分时间段记忆。

比如："二战"后民族解放运动，分为三个时期，第一时期时间为 1945 年至 20 世纪 50 年代中，第二时期为 20 世纪 50 年代中至20 世纪 60 年代末，第三时期为 20 世纪 70 年代初至现在。将其概括为三个数，即 10、15、20 多；因是"二战"后民族解放运动，记住"二战"结束于 1945 年，那么按 10、15、20 多三个数字一排，就可牢固记住每个时期的时间了。

6. 规律记忆法

历史发展有其规律性。提示历史发展的规律，能帮助记忆。例如，重大历史事件，我们都可以从背景、经过、结果、影响等方面进行分析比较，找出规律。如：资产阶级革命爆发的原因虽然很多，但其根源无非是腐朽的封建政权严重地阻碍了资本主义的发展。

在学习过程中，我们可以寻找具有规律性的东西，如：在资产阶级革命过程中，英国、法国、美国三国资产阶级革命爆发的原因都是：反动的政治统治阻碍了国内资本主义的发展，要发展资本主义，就必须起来推翻反动的政治统治。而三国的革命，又都有导火线、爆发标志、主要领导人、文件的颁布等。在发展资本主义方式上，俄国和日本都是通过自上而下的改革来完成的，意大利和德意志则是通过完成国家统一来进行的。

7. 荒谬记忆法

想法越奇特，记忆越深刻。如：民主革命思想家陈天华有两部著作《猛回头》《警世钟》，记法为一边想"一个叫陈天华的人猛回头撞响了警世钟，一边做转头动作，同时发出钟声响。"军阀割据时，曹锟、段祺瑞控制的地盘及其支持者可联想为"曹锟靠在一棵日本梨（直隶）树（江苏）上，饿（鄂——湖北）得快干（赣——江西）了。段祺瑞端着一大碗（皖——安徽）卤（鲁——山东）面（闽——福建），这（浙江）也全靠日本撑着呀！"

当然，记忆的方法多种多样，还有直观形象记忆法、联系实际记忆法、分解记忆法、重复记忆法、推理记忆法、信号记忆法、卡片记忆等。在实际学习中，要根据自己的实际情况，选择适合自己的记忆方法。只要大家掌握了其中的一种甚至几种方法，学习历史就不再是可望而不可即的事了。

物理知识记忆法

学好物理有妙招

物理记忆主要以理解为主，在理解的基础上我们在这里简单介绍几种物理记忆方法。

1. 观察记忆法

物理是一门实验科学，物理实验具有生动直观的特点，通过物理实验可加深对物理概念的理解和记忆。例如，观察水的沸腾。

（1）观察水沸腾发生的部位和剧烈程度可以看到，沸腾时水中发生剧烈的汽化现象，形成大量的气泡，气泡上升、变大，到水面破裂开来，里面的水蒸气散发到空气中，就是说，沸腾是在液体内部和表面同时进行的剧烈的汽化现象。

（2）对比观察沸腾前后物理现象的区别。沸腾前，液体内部形成气泡并在上升过程中逐渐变小，以至未到液面就消失了；沸腾时，气泡在上升过程中逐渐变大，达到液面破裂。

（3）通过对数据定量分析，可以得出沸腾条件：①沸腾只在一定的温度下发生，液体沸腾时的温度叫沸点；②液体沸腾需要吸热。以上两个条件缺少任何一个条件，液体就不会沸腾。

2. 比较记忆法

把不同的物理概念、物理规律，特别是容易混淆的物理知识，进行对比分析，并把握住它们的异同点，从而进行记忆的方法叫作比较记忆法。例如，对蒸发和沸腾两个概念可以从发生部位、温度条件、剧烈程度、液化温度变化等方面进行对比记忆。又如串联电路和并联电路，可以从电路图、特点、规律等方面进行记忆。

3. 图示记忆法

物理知识并不是孤立的，而是有着必然的联系，用一些线段或有箭头的线段把物理概念、规律联系起来，建立知识间的联系点，这样形成的方框图具有简单、明了、形象的特点，可帮助我们对知识的理解和记忆。

4. 浓缩记忆法

把一些物理概念、物理规律，根据其含义浓缩成简单的几个字，编成一个短语进行记忆。例如，记光的反射定律时，把涉及的点、线、面、角的物理名词编成一点（入射点）、三线（反射光线、入射光线、法线）、一面（反射光线、入射光线、法线在同一平面内）、二角（反射角、入射角）短语来加深记忆。

记凸透镜成像规律时，可用"一焦分虚实，二焦分大小""物近、像远、像变大"短语来记忆。即当凸透镜成实像时，像与物是朝同方向移动的。当物体从很远处逐渐靠近凸透镜的一倍焦距时，另一侧的实像也由一倍焦距逐渐远离凸透镜到大于二倍焦距以外，且像距越大，像也越大，反之亦然。

5. 口诀记忆法

如：力的图示法口诀。

你要表示力，办法很简单。选好比例尺，再画一段线，长短表大小，箭头示方向，注意线尾巴，放在作用点。

物体受力分析：

施力不画画受力，重力弹力先分析，摩擦力方向要分清，多、漏、错、假须鉴别。

牛顿定律的适用步骤：

画简图、定对象、明过程、分析力；选坐标、作投影、取分量、列方程；求结果、验单位、代数据、做答案。

6. 三多法

所谓"三多"，是指"多理解，多练习，多总结"。多理解就是紧紧抓住课前预习和课上听讲，要认真听懂；多练习，就是课后多做习题，真正掌握；多总结，就是在考试后归纳分析自己的错误、弱项，以便日后克服，真正弄清自己的优势和弱点，从而明白日后听课时应多理解什么地方，课下应多练习什么题目，形成良性循环。

7. 实验记忆法

下面介绍一些行之有效的物理实验复习法：

（1）通过现场操作复习。

把实验仪器放在实验桌上，根据实验原理、目的、要求进行现场操作。

（2）通过信息反馈复习。

就那些在实验过程中发生、发现的问题进行共同讨论，及时纠错，达到复习巩固物理概念的目的。

（3）通过联系复习。

在复习某一个实验时，可以把与之相关的其他实验联系起来复习。

地理知识记忆法

会看图才能学好地理

　　几种行之有效的看图方法是很多学习高手总结出来的学习经验，对学习地理帮助很大，具体论述如下：

形象记忆法

　　仔细观察中国地图，湖南就像一个人头像；山东就相当于一个鸡腿；黑龙江好像一只美丽的天鹅站在东北角上；青海省的轮廓则像一只兔子，西宁就好似它的眼睛。

　　把图片用生动的比喻联系起来就很容易记忆了。

　　地理知识的形象记忆是相对于语义记忆而言的，是指学生通过阅读地图和各类地理图表、观察地理模型和标本、参加地理实地考

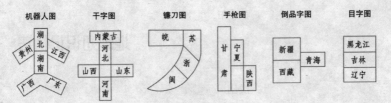

机器人图　　干字图　　　镰刀图　　　手枪图　　　倒品字图　　目字图

察和实验等途径所获得的地理形象的记忆。如学习"经线"和"纬线"这两个概念，学生观察经纬仪后，便能在头脑中形成经纬仪的表象，当需要时，头脑中的经纬仪表象便能浮现在眼前，以致将"经线"和"纬线"的概念正确地表述出来，这就是形象记忆。由于地理事物具有鲜明、生动的形象性，所以形象记忆是地理记忆的重要方法之一。尤其当形象记忆与语义记忆有机结合时，记忆效果将成倍增加。

下面有一些更加形象的例子可以帮助你记忆它们：

简化记忆法

简化记忆法实际上就是将课本上比较复杂的图片加以简化的一种方法。比如中国的铁路分布线路图看起来特别的复杂，其实只要你用心去看，就能把图片分割成几个版块，以北京为中心可形成一个放射线状的图像。

直观读图法

适用于解释地理事物的空间分布，如中国山脉的走向，盆地、丘陵的分布情况等。用图像记忆法揭示地理事物现象或本质特征，可以激发跳跃式思维，加快记忆。这种方法多用于记忆地理事物的分布规律、记忆地名、记忆各种地理事物特点及它们之间相互影响等知识。

例如，我国煤炭资源分布，主要有山西、内蒙古、陕西、河南、山东、河北等，省区名称多，很难记。可以用图像记忆法读图，在图上找到山西省，明确山西省是我国煤炭资源最丰富的省，再结合我国煤炭资源分布图，找出分布规律——它们以山西省为中心，按逆时针方向旋转一周，即可记住这些省区的名称，陕西以北是内蒙古、以西是陕西，以南是河南，以东是山东和河北。接着，在图上掌握我国煤炭资源还分布在安徽和江苏省北部以及边远省区的新疆、贵州、云南、黑龙江。

纵向联系法

学习地理也和其他知识一样，有一个循序渐进、由浅入深的过程。如中国气候特点之一的"气候复杂多样"，就联系"中国地形图""中国干湿地区分布"以及"中国温度带的划分"等图形，然后才能得出自己的结论。同时，你在此基础上又可以联系学习世界气候类型及其分布，这样你就可以把有关气候的章节系统地复习，以后碰到这方面的考题你就可以游刃有余了。

除此之外，还有几种值得学生尝试的记忆方法：

口诀记忆法

例1：地球特点：赤道略略鼓，两极稍稍扁。自西向东转，时间始变迁。南北为纬线，相对成等圈。东西为经线，独成平行圈；赤道为最长，两极化为点。

例2：气温分布规律：气温分布有差异，低纬高来高纬低；陆地海洋不一样，夏陆温高海温低，地势高低也影响，每千米相差6℃。

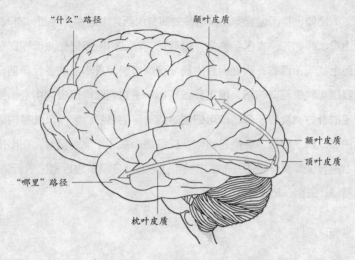

大脑中"什么"和"哪里"的路径帮助我们理解我们所看到的。"什么"的路径是从枕叶开始到颞皮质，帮助我们确定我们所看到的。"哪里"的路径是从枕叶皮质到顶叶的皮质，帮助我们定位我们看到的。

分解记忆法

分解记忆法就是把繁杂的地理事物进行分类，分解成不同的部分，便于逐个"歼灭"的一种记忆方法。如要记住人口超过1亿的10个国家：中国、印度、美国、印度尼西亚、巴西、俄罗斯、日本、孟加拉国、尼日利亚和巴基斯坦，单纯死记硬背很难记住，且容易忘记。采用分解记忆法较易掌握，即在熟读这10个国家的基础上分洲分区来记：掌握北美、南美、欧洲、非洲有一个，分别是美国、巴西、俄罗斯、尼日利亚。其余6个国家是亚洲的。亚洲的又可分为3个地区，属东亚的是中国、日本；属东南亚的有印度尼西亚；属南亚的有印度、孟加拉国、巴基斯坦。

表格记忆法

就是把内容容易混淆的相关的地理知识，通过列表进行对比而加深理解记忆的一种方法。它用精炼醒目的文字，把冗长的文字叙述简化，使条理清晰，能对比掌握有关地理知识，例如，世界三次工业技术革命，可通过列表比较它们的年代，主要标志、主要工业部门和主要工业中心，重点突出，一目了然。这种方法有利于提高学生的概括能力，开拓学生的求异思维，强化应变能力，提高理解记忆。

归纳记忆法

就是通过对地理知识的分类和整理，把知识联系在一起，形成知识结构，以便记忆的方法。它使分散的趋于集中，零碎的组成系统，杂乱无章的变得有条不紊。例如，要记住我国的土地资源、生物资源、矿产资源的特点，可归纳它们的共同之处是类型多样，分布不均；再记住它们不同的特点，就可以把土地资源、生物资源和矿产资源的特点全掌握了。

荒谬记忆法

荒谬记忆法指利用一些离奇古怪的联想方法，把零散的地理知识串到一块在大脑中形成一连串物象的记忆方法。通过奇特联想，能增强知识对我们的吸引力和刺激性，从而使需要记忆的内容深刻地烙在脑海中。如柴达木盆地中有矿区和铁路，记忆时可编成"冷湖向东把鱼打（卡），打柴（大柴旦）南去锡山（锡铁山）下，挥汗（察尔汗）砍得格尔木，火车运送到茶卡"。总之，地理记忆的方法多种多样，中学生根据不同的地理知识采取不同的记忆方法就可以达到记而不忘，事半功倍的效果。

时政知识记忆法

巧用记忆方法学习政治

　　政治记忆的方法有很多种，这里简单介绍几种方法：

1. 谚语记忆法

　　谚语记忆法就是运用民间的谚语说明一个道理的记忆方法。

　　采用这种记忆方法的好处是：

　　（1）可激发自己的学习兴趣，促进学习的积极性，变厌学为爱学，变被动学习为主动学习；

　　（2）可拓宽自己的思路，提高自己思维的灵活性；

　　（3）能培养自己一种好的学习习惯，通过刻苦钻研，从而在自己的学习过程中克服一个个难题。

采用这种记忆法应注意以下几点：

（1）谚语与原理联系要自然，千万不能生造谚语，勉强凑合；

（2）谚语所说明的原理要注意准确性，千万不能乱搭配，不然就会谬误流传；

（3）谚语应是所熟悉的，这样才能便于自己的记忆。

例如，"无风不起浪""城门失火，殃及池鱼"……说明事物之间是相互联系的，是唯物辩证法的联系观点。

如"山外青山楼外楼，前进路上无尽头""刻舟求剑"等这些都说明了事物都是处于不停的运动、发展之中的，运动是绝对的，静止是相对的，这是唯物辩证法发展的观点。

2. 自问自答法

自己当教师提问，自己又作为学生对所提问题进行回答的方法，称之为"自问自答法"。

在学习过程中，对一些最基本的问题就可以用"自问自答法"进行。例如：

问：商品的两个基本属性是什么？

答：是使用价值和价值。

问：货币的本质是什么？它的两个基本职能是什么？

答：货币的本质是一般等价物。价值尺度、流通手段是它的两个基本职能。

自问自答法不仅可以用于基本概念和基本原理的学习中，对于一些较复杂的知识的学习也可用此法进行，而且效果也很好。

比较复杂的学习内容，经过自问自答，就会条理清晰，便于记忆和理解。所以，"自问自答法"是常用的理想的记忆方法。

3. 举一反三法

在学习过程中，对某个问题进行重复学习以达到记忆的目的的方法称之为举一反三法。

"举一反三"的记忆方法并不是说对同一问题简单重复2—4次，而是指对同一类问题从不同的角度，反复进行学习、练习、讨论，这样才能使我们较牢固地掌握知识，思维也较开阔，才能学得活、学得好、记得牢。

如对商品这一概念的理解，我们运用"举一反三法"，真正掌握了任何商品都是劳动产品，但只有用于交换的劳动产品才是商品；商品的价值是凝结在商品中无差异的人类劳动，如1件衣服能和3斤大米交换，是因为它们的价值是相等的。千差万别的商品之所以能够交换，是因为它们都有价值，有价值的物品一定有使用价值……如此从多种角度反复进行，就能牢固地掌握商品的基本概念及与它相关的一些因素，使我们真正获得知识，吸取精华。

4. 理清层次法

要善于把所学习的基本概念和原理进行分析，找出每一个层次的主要意思，这样就便于我们熟记了。

例如，我们学习"法律"这一基本概念，用"理清层次法"就较为科学。这个概念我们可以分解成这么几个部分：

（1）它是反映统治阶级的意志，维护统治阶级的根本利益的（法律不维护被统治阶级的利益）；

（2）由国家制定或认可的（没有这一点，就不能称其为法律）；

（3）用国家强制力的特殊的行为规则（国家通过法庭、监狱、军队来保证执行）。采用这种理清层次的方法，不仅便于熟记这一概念，而且也不易忘记。

5. 规律记忆法

这种学习方法就是要我们在学习中，注意找到事物的规律，以帮助我们牢记。在基本原理的熟记中，这种学习方法可谓是最佳方法。

例如我们根据对立统一规律就能熟记：内因和外因、主要矛盾和次要矛盾、矛盾的主要方面和次要方面、矛盾的特殊性和普遍性、量变和质变、新事物和旧事物等都会在一定的条件下互相转化。

"规律性记忆法"能以最少的时间熟记最多的知识。

在政治课的学习中，如果能把上面介绍的 5 种学习方法融会贯通，交替使用，无疑对提高学习效果是有积极意义的。

图书在版编目（CIP）数据

超级记忆术 : 快速提高记忆力的魔法书 / 陈凤玲编
著 . -- 长春 : 吉林文史出版社 , 2019.5（2024.7 重印）
ISBN 978-7-5472-6163-7

Ⅰ . ①超… Ⅱ . ①陈… Ⅲ . ①记忆术 Ⅳ .
① B842.3

中国版本图书馆 CIP 数据核字 (2019) 第 088458 号

超级记忆术：快速提高记忆力的魔法书
CHAOJI JIYISHU : KUAISU TIGAO JIYILI DE MOFASHU

书　　名：	超级记忆术 : 快速提高记忆力的魔法书
编　　著：	陈凤玲
责任编辑：	程　明
封面设计：	冬　凡
文字编辑：	辛云梅
美术编辑：	李丝雨
出版发行：	吉林文史出版社
电　　话：	0431-81629369
地　　址：	长春市福祉大路 5788 号
邮　　编：	130118
网　　址：	www.jlws.com.cn
印　　刷：	三河市华成印务有限公司
开　　本：	145mm×210mm　1/32
印　　张：	8 印张
字　　数：	170 千字
印　　次：	2019 年 5 月第 1 版　2024 年 7 月第 6 次印刷
书　　号：	ISBN 978-7-5472-6163-7
定　　价：	36.00 元